AF299304

L'Horlogerie Électrique

à l'Exposition Universelle de 1900

PAR

P. DECRESSAIN

Contrôleur principal des Mines
Professeur à l'École d'Horlogerie de Paris
Officier de l'Instruction publique

Réunion des articles parus dans la « Revue chronométrique »
Journal de l'Horlogerie française
30, Rue Manin, a Paris (XIXe arrondissement).

L'Horlogerie Électrique

à l'Exposition Universelle de 1900

PAR

P. DECRESSAIN

Contrôleur principal des Mines
Professeur à l'École d'Horlogerie de Paris
Officier de l'Instruction publique

Réunion des articles parus dans la « Revue chronométrique »
Journal de l'Horlogerie française
30, Rue Manin, a Paris (XIXᵉ arrondissement).

JURY DE LA CLASSE 96.

L'HORLOGERIE ÉLECTRIQUE

A L'EXPOSITION DE 1900

PENDULE DE M. CH. FÉRY

A RESTITUTION ÉLECTRIQUE CONSTANTE

On a cherché depuis longtemps à restituer au pendule, pour entretenir son mouvement, un travail constant à chaque oscillation et jusqu'ici on s'est servi de moyens mécaniques. Le type du genre est le pendule bien connu de Froment, qui a été reproduit sous des formes variées : il consiste en principe à donner l'impulsion au pendule par un ressort ou un poids qui, soulevés d'une quantité invariable par un électro, restituent un travail indépendant de l'état de la pile.

M. Féry a résolu le même problème par des moyens purement électriques ; il s'est servi d'un appareil bien connu : *le coup de poing de Bréguet*, qui sert à produire à distance l'inflammation de cartouches destinées au travail des mines (1).

---

(1) M. Lippmann a aussi conçu et réalisé un pendule entretenu sans perturbation en appliquant un dispositif électrique dont le fonctionnement repose sur le principe suivant : si deux impulsions égales sont imprimées au pendule en un même point de sa trajectoire, l'une à la montée, l'autre à la descente, les perturbations qu'elles produisent sont égales et de sens contraire. Si les impulsions ont lieu sur la verticale, l'effet produit, quant à la durée de l'oscillation, est nul, et il est d'autant plus accentué que le point d'application s'écarte davantage de la verticale. La perturbation

Le coup de poing de Bréguet se compose d'un aimant N S sur les pôles duquel sont disposées (*fig.* 1) deux bobines B B recouvertes de fil

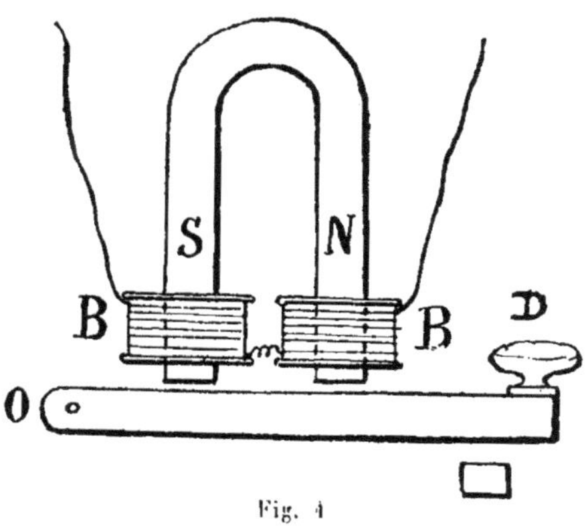

Fig. 1

de cuivre isolé. Une armature de fer doux pouvant pivoter en O est attirée par l'aimant et se trouve normalement en contact avec lui. Si par un mouvement brusque, un coup de poing par exemple, donné sur le bouton D, on éloigne rapidement la palette de fer doux de l'aimant, un courant induit prend naissance dans le fil de cuivre des bobines.

Si le choc est très brusque, le coup de poing appliqué sur l'appareil et qui lui a fait donner son nom, produit un courant intense, mais de courte durée.

Au contraire, un déplacement lent donne naissance à un courant de moindre intensité, mais plus prolongé.

On démontre par le calcul que la quantité d'électricité obtenue, qui

totale est donc rigoureusement nulle quand même la force impulsive n'agit pas exactement au passage du point mort.

Dans le dispositif de M. Lippmann, les impulsions sont dues à la charge, puis à la décharge d'un même condensateur électrique.

M. Amédée Guillet a simplifié le dispositif de M. Lippmann en produisant les deux impulsions successives au moyen de courants d'induction dus à la fermeture et à l'ouverture d'un courant inducteur.

Le pendule ouvre et ferme le circuit inducteur, lorsqu'il passe par la verticale dans les deux sens.

Le pendule de M. Lippmann, construit et étudié au laboratoire de la Sorbonne, figurait à l'Exposition, classe 3.

(Voir comptes rendus de l'Académie des sciences, 13 janvier 1896, 4 et 11 juillet 1898.)

est le produit de l'intensité par le temps, est constante dans les deux cas. Cela n'a rien de surprenant, car au travail constant qu'il a fallu dépenser pour éloigner l'armature correspond nécessairement une production d'énergie électrique constante (1).

Ce principe posé, il est facile de comprendre le fonctionnement du pendule de M. Féry.

Au cours de son oscillation ascendante (*fig.* 2), la tige du balancier

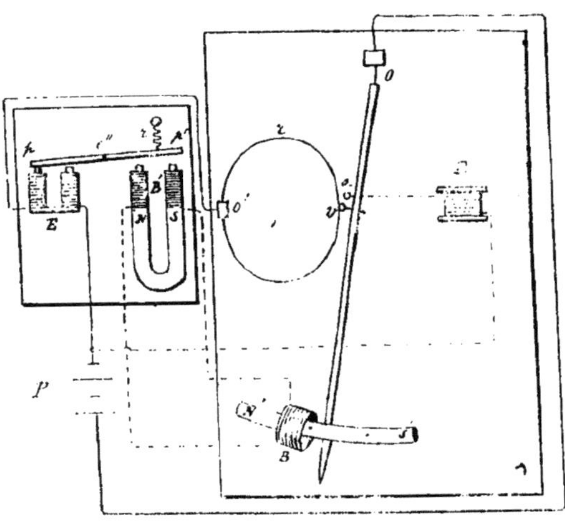

Fig. 2.

vient rencontrer dans la verticale un ressort rond *r'* en fil d'acier de spiral qui reposait préalablement sur une goupille *a* dont la position est règlable au moyen d'une glissière non figurée sur le dessin. Le courant de la pile P est envoyé dans l'électro E; celui-ci attire brusquement l'extrémité *p* de la palette oscillante *pp'* et produit l'arrachement de l'extrémité *p'* qui était en contact avec l'aimant N S portant les bobines induites. L'effet de bascule ainsi obtenu réalise le « coup de poing » précédemment décrit.

Un courant induit de très courte durée est donc envoyé dans la bobine B qui est fixée au marbre supportant le pendule. Cette bobine

---

(1) *Le coup de poing* de Bréguet peut être comparé à l'effet hydraulique d'une pompe qui fournit à chaque coup de piston par un même déplacement de la tige une égale quantité d'eau.

produit ainsi une action sur l'aimant N'S' formant la masse du pendule, et il est presque inutile de dire que cette action est dans le sens voulu pour entretenir le mouvement. En revenant, le pendule dépose

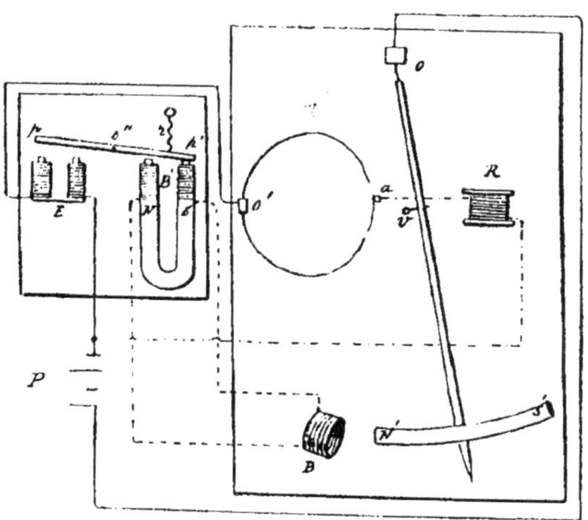

Fig. 3.

au point où il l'a pris le ressort r' sur la goupille de butée a et le courant se trouve ainsi rompu à l'instant du passage de la tige sur la verticale. L'électro-aimant devient inactif, l'aimant reprenant la pré-

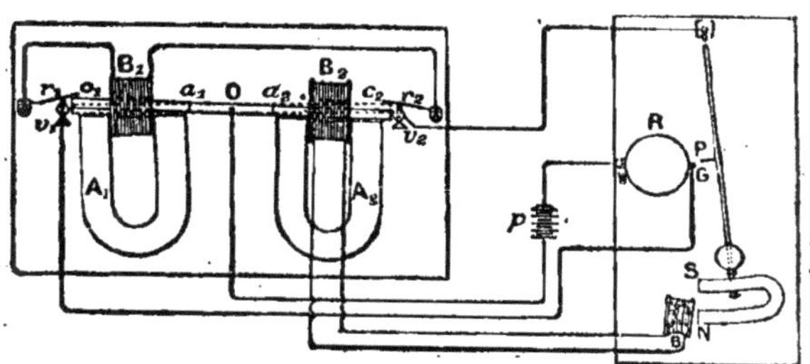

Fig. 4.

pondérance rappelle l'armature qui vient se remettre en contact avec lui (*fig.* 3), et un nouveau courant induit, inverse du précédent, est lancé dans la bobine du pendule qui reçoit par ce moyen une impulsion à l'aller et l'autre au retour. La bobine R sert à tuer l'étincelle d'extra-courant

La forme de coup de poing restituteur que nous venons de décrire a été adoptée dans le petit pendule à demi-secondes (*fig. 4*), que M. Féry exposait à la classe 15 (Instruments de précision), il est destiné à certaines recherches de laboratoire qui sont généralement de courte durée. Dans ces conditions, le pendule actionne également un électro-aimant portant un style qui bat ainsi à l'unisson et inscrit la seconde sur un cylindre recouvert de papier enfumé.

Complétée par un diapason électrique donnant 100 vibrations par seconde ou même plus, cette installation constitue un chronographe très exact enregistrant le temps avec une grande précision.

On mesure ainsi à 1/100 de seconde près la vitesse des obturateurs photographiques ; on vérifie la loi de la chute des corps, la vitesse du son ou celle des projectiles avec une très grande approximation.

Pour ces sortes de mesures, les physiciens se servaient jusqu'ici et presque exclusivement d'un contact électrique pris sur un bon régulateur, mais la pratique a montré que l'action de ce contact produit des perturbations notables dans la marche de l'horloge. Le pendule dont il s'agit peut commander des appareils quelconques sans être influencé, car le courant qui entretient son mouvement oscillatoire est distinct du courant qui mène les appareils.

Les erreurs qu'on peut commettre en employant ce petit pendule ne sont que de 1/200000, ce qui est plus que suffisant pour les besoins actuels de la physique.

Il était à craindre que le contact du pendule avec le ressort introduisît une perturbation dans la marche de la pièce ; mais, au contraire, il paraît qu'en réglant convenablement le fil élastique, l'isochromisme des oscillations est amélioré, et comme preuve M. Féry cite les résultats qu'il a obtenus avec un pendule à demi-seconde réglé pour une amplitude de 18 millimètres :

Amplitude.	Pendule libre.	Pendule avec ressort.
14 millimètres	+ 11 sec. 5	+ 9 sec. 0
16 —	+ 6 0	+ 2 0
18 —	0 0	0 0
20 —	— 6 6	+ 1 0
22 —	— 14 0	+ 6 0

On voit d'après cela que pour une position convenable de la goupille de réglage, *la marche diurne du pendule à ressort avance aux petites*

et aux grandes amplitudes. Ce résultat explique naturellement les vari;
tions très minimes qui se produisent aux environs de l'amplitude (

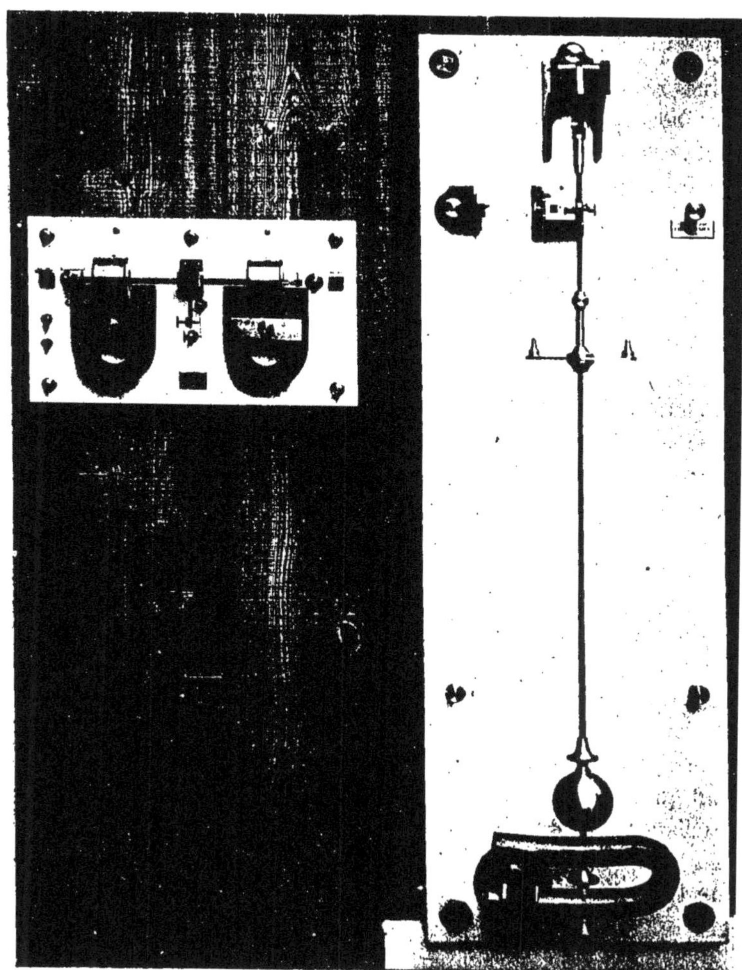

Fig. 5.

réglage, et c'est ainsi qu'en passant de 16 à 20 millimètres, le pen
libre aurait fait 12 secondes 5 par jour, tandis que le retard eut éi
1 seconde seulement avec l'autre pendule.

Cependant, tel que nous venons de le décrire, le pendule Féry n'est pas applicable pratiquement à l'horlogerie, parce que le courant trop souvent mis à contribution détermine l'usure rapide de la pile. Cette action destructive a peu d'importance lorsqu'il s'agit d'expériences qui durent au plus quelques minutes ; mais pour un horloger dont les pendules sont toujours en mouvement, il est nécessaire et même indispensable de réduire la dépense dans la plus grande mesure.

M. Féry a résolu cette question de la façon la plus satisfaisante et le pendule à secondes avec récepteur qu'il expose à la classe 96 (Horlogerie), ne dépense annuellement que 200 grammes de zinc au total avec une pile de 10 éléments Leclanché.

Ce résultat est dû à l'emploi d'un électro-aimant *polarisé*. Dans ces sortes d'électros le courant se rompt de lui-même dès que la palette a basculé. La durée de passage du courant n'est guère que de 3/100 de seconde, ce qui explique le bon rendement du système. La figure 5 montre l'ensemble d'un pendule à secondes et de ses bobines sans le ressort rond ni les connexions électriques.

Le montage est représenté dans la figure 4. La bobine B_1 est motrice et constitue avec l'aimant A_1 l'électro polarisé ; la palette mobile dans l'axe de la bobine B_1 recevant le courant en temps utile par les contacts donnés par le pendule, est alternativement attirée et repoussée par l'aimant A_1. La rupture du courant se fait sur le coup de poing, de sorte qu'il n'y a *pas d'étincelle au pendule*, dont les contacts restent toujours en bon état ; c'est là une bonne condition permettant un entretien facile de l'appareil sans avoir à ouvrir la caisse du pendule, qui peut même être placé dans un vase clos et soustrait ainsi aux variations provenant de la pression barométrique.

La seconde bobine B_2 est parcourue par les courants induits produits par le déplacement limité et réglable de l'armature ; ces courants servent, comme dans la disposition précédente, à actionner le pendule.

Les variations observées sur cet appareil n'ont jamais été de plus de $0^s,2$ par jour, l'horloge-étalon était un régulateur de Callier.

On peut se demander si cette erreur, qui représente la somme de variations dues aux deux horloges, n'est pas imputable en grande partie à l'horloge mécanique.

Pour trancher ce point, M. Féry a installé à l'Observatoire de Paris un pendule semblable, et M. Bigourdan, l'astronome bien connu qui s'intéresse à toutes les choses nouvelles, a relevé les résultats suivants :

Mesures effectuées à l'Observatoire de Paris, par M. Bigourdan, astronome.

Date.	Erreur diurne.	Date.	Erreur diurne.
10 juillet	+ 0ˢ 22	21 juillet	0ˢ 60
11 —	+ 0 12	22 —	— 0 02
12 —	+ 0 25	23 —	— 0 03
13 —	+ 0 04	24 —	— 0 13
14 —	— 0 02	25 —	+ 0 07
15 —	— 0 06	26 —	+ 0 02
16 —	— 0 04	27 —	+ 0 10
17 —	+ 0 02	28 —	+ 0 13
18 —	+ 0 04	29 —	— 0 02
19 —	— 0 10	30 —	+ 0 15
20 —	0 00	31 —	— 0 04

Ces mesures ont été faites par la méthode de comparaison de l'œil et de l'oreille entre les deux horloges. La pendule étalon était un régulateur de Winnerl, placé dans les caves de l'Observatoire ; le pendule électrique était lui-même placé dans les caves, de manière à être soustrait aux variations de la température. Les caves de l'Observatoire de Paris, placées à 30 mètres de profondeur, ont une température de 10°,6 dont la variation est inférieure à 1/10 de degré de l'été à l'hiver.

Voici d'autres mesures effectuées par l'enregistrement électrique des contacts des deux appareils. Un électro-diapason permettait de mesurer le 1/100 de seconde.

	Erreur diurne.		Erreur diurne.
19 août	0ˢ 00	23 —	— 0 04
20 —	+ 0 04	24 —	+ 0 02
21 —	+ 0 01	25 —	+ 0 02
23 —	+ 0 01		

Les erreurs sont plus petites à cause de la disposition de l'équation personnelle de l'observateur.

Remarquons encore que la comparaison directe avec les astres au moyen de la lunette méridienne donnerait probablement des résultats encore supérieurs, car, quelle que soit la précision de l'horloge étalon de l'Observatoire, il faut admettre quelle peut encore faire une erreur de quelques centièmes de seconde.

M. Bigourdan a résumé ainsi son opinion dans une lettre qu'il a écrite à M. Féry le 12 juillet 1900 : *Dans les limites des erreurs que l'on peut commettre en comparant, votre pendule marche à très peu près comme la pendule directrice de l'Observatoire (Winnerl) placée dans les catacombes.*

Le système Féry est breveté en France, en Suisse et en Allemagne, et l'inventeur a reçu une médaille d'or à l'Exposition universelle.

HORLOGE ÉLECTRIQUE DE M. D'ARLINCOURT

Cette horloge, applicable aux monuments publics, aux chemins de fer et aux bâtiments d'usines, etc., était exposée dans les classes 26 et 27 ; elle a valu à son auteur une médaille d'argent.

La cage de l'horloge est comprise entre deux platines ajourées et

Fig. 1.

découpées en forme d'A majuscule. A l'intérieur de cette cage se trouve une grande roue de 360 dents, sur laquelle est rivé un rochet concentrique de même diamètre portant 60 dents. Un pignon de six ailes engrène avec la roue, et ces deux mobiles constituent le rouage proprement dit de l'horloge.

Une roue d'échappement de 30 dents, montée sur l'axe du pignon, et un pendule à secondes forment le mécanisme régulateur, dont le mouvement est transmis à la minuterie placée au-dessus de la cage, par des engrenages d'angle.

Le petit nombre de mobiles mis en jeu dans cette horloge électrique réduit au minimum les résistances parasites que l'on rencontre dans les horloges ordinaires et permet l'usage d'un petit poids moteur, aux lieu et place d'un poids lourd et encombrant, pour entretenir la marche du rouage et les oscillations du pendule.

Le poids moteur, visible sur le côté droit de la figure 1, est suspendu à un fil passé sur la gorge d'une poulie ; il agit sur le rochet par l'intermédiaire d'un levier auquel est fixé, d'une part, le fil de suspension, et d'autre part, une tige rigide goupillée, terminée par un cliquet à tête qui s'engage dans la denture du rochet. La traction qu'exerce le poids sur ces derniers organes pendant sa descente détermine le mouvement circulaire de la roue.

Le bras inférieur du levier est lié à l'armature d'un électro-aimant horizontal, pour que du déplacement de cette armature vers les noyaux magnétiques résulte le remontage du poids moteur et un recul du cliquet de traction qui porte la tête de cette pièce du fond de la dent dont la menée est terminée, dans le creux de la dent suivante. Un cliquet de sûreté empêche tout retour en arrière du rochet pendant cette double action, qui a lieu exactement toutes les minutes.

Le courant électro-moteur s'établit automatiquement au moyen d'un disque calé sur l'axe de la roue d'échappement : une goupille saillante, placée à la circonférence de ce disque, communique par la masse de l'horloge à l'un des pôles de la pile ; l'autre pôle est réuni à un commutateur ou levier coudé isolé électriquement, qui bascule autour d'un axe monté entre les platines de la cage, et dans cette partie du circuit électrique est compris l'électro-aimant. A chaque tour complet du disque, c'est-à-dire toutes les minutes, la goupille vient au contact du commutateur, ce qui ferme le circuit et laisse passer le courant. L'armature est instantanément attirée par l'électro et le poids est remonté.

La rupture du circuit est provoquée par le cliquet tracteur, dont la tige porte vers le milieu une petite masse fixe munie d'une vis de butée réglable. Cette vis, en se déplaçant avec le cliquet, repousse brusquement le talon qui termine le second bras du commutateur et imprime à cette pièce un petit mouvement de rotation qui ouvre le circuit, après quoi le levier reprend sa place de repos au cours du temps que le poids met à descendre.

Pour éviter que l'horloge prenne du retard pendant le très court instant où le rochet est soustrait à l'action du cliquet tracteur, la goupille de fermeture est disposée sur son disque pour que le contact avec le commutateur ait précisément lieu au moment où la roue d'échappement fait repos sur l'ancre. On supprime ainsi l'introduction d'une force auxiliaire destinée à agir sur le rouage pendant le remontage du poids moteur.

Mais, ce qui caractérise surtout l'ingénieux mécanisme de M. d'Arlincourt, c'est l'emploi d'un électro à armature divisée. Cette armature est

Fig. 2.

ici constituée par huit barrettes de fer doux, solidaires l'une de l'autre, et pouvant chacune pivoter autour d'un axe indépendant; la solidarité de ces barrettes est obtenue par de petites pièces de commandes, visibles sur les figures 2 et 3, et disposées pour que le déplacement d'une palette quelconque entraîne un déplacement d'égale amplitude de la barrette voisine.

A l'état de repos, c'est-à-dire pendant que le courant ne passe pas à travers l'électro, la barrette inférieure est la plus rapprochée des bobines et les autres s'en trouvent écartées graduellement jusqu'à sortir du champ d'action développé par le magnétisme. La barrette la plus éloignée est reliée directement au bras inférieur du levier, qui retient le poids moteur, et à cette position de l'armature correspond l'inclinaison du levier pour laquelle le poids moteur a atteint le bas de sa course.

Lorsque le courant électrique traverse l'électro-aimant, la barrette inférieure obéit à l'attraction magnétique et son mouvement provoque mécaniquement le rapprochement des autres barrettes vers les noyaux de fer doux ; mais la seconde barrette, en subissant à son tour la même influence que la première, provoque un second rapprochement mécanique du système mobile, et ainsi de suite jusqu'à la barrette supérieure. La succession très rapide de ces effets amène instantanément toutes les barrettes dans le même plan, contre l'électro-aimant et le poids moteur est remonté.

Dès que le circuit est coupé, le levier reprend sa marche en sens inverse, sous l'action de la force motrice, entraînant la barrette supérieure et par suite tout le système, qui regagne lentement ses points de repos.

M. d'Arlincourt a obtenu les résultats suivants avec des électros identiques au précédent munis, les uns d'armatures divisées et les autres d'armatures pleines. La course angulaire était de même amplitude :

	Poids à attirer.	Nombre d'éléments employés	Intensité du courant.
Électro ordinaire ...	100 grammes.	8	0 amp., 15
— à palettes...	100 —	3	0 , 05
Électro ordinaire ...	200 —	12	0 , 25
— à palettes...	200 —	5	0 , 10
Électro ordinaire ...	300 —	15	0 , 30
— à palettes ..	300 —	6	0 , 10
Électro ordinaire ...	400 —	18	0 , 35
— à palettes...	400 —	7	0 , 15
Électro ordinaire ...	500 —	22	0 , 40
— à palettes. .	500 —	9	0 , 20
Électro ordinaire ...	600 —	27	0 , 45
— à palettes...	600 —	10	0 , 20
Électro ordinaire ...	700 —	36	0 , 60
— à palettes...	700 —	12	0 , 25
Électro ordinaire ...	800 —	43	0 , 70
— à palettes...	800 —	13	0 , 27
Électro ordinaire ...	900 —	50	0 , 80
— à palettes...	900 —	16	0 , 30

Ces résultats, dit M. d'Arlincourt, permettent de juger la supériorité du nouveau système sur l'ancien.

En tout état de cause, la continuité et la régularité des fonctions demandées aux divers organes électro-mécaniques décrits ci-dessus sont telles, que l'horloge dont il s'agit a, paraît-il, fonctionné sans interruption avec une même pile, pendant les quinze mois qui ont précédé l'ouverture de l'Exposition. L'usure des éléments, au bout de ce temps, était insignifiante, tant est faible la dépense de courant au dire de l'inventeur.

En résumé, l'horloge électrique dont il s'agit se distingue par le petit nombre de ses organes mécaniques et par la simplicité de leur fonctionnement. Les frottements y sont si réduits qu'un poids très minime détermine, par sa seule action, le jeu d'une minu-

Fig. 3.

terie à longues aiguilles et entretient très régulièrement les oscillations d'un pendule à lourde lentille.

Au-dessus de l'horloge exposée dans la classe 96 étaient disposées trois cloches, dont la plus importante pèse 50 kilogrammes. Sur ces cloches, des marteaux mis en mouvement par l'électricité frappaient les heures et les quarts; mais, faute d'avoir pu examiner d'assez près le mécanisme moteur de ce système de sonnerie, nous ne pouvons pas en donner la description.

PENDULE ÉLECTRIQUE DE M. CARRIER

L'intéressante pendule exposée par M. Carrier dans la classe 27 et dont l'ensemble est reproduit par la figure 1, appartient à la catégorie des horloges électro-magnétiques, dans lesquelles le courant qui traverse le système électro-moteur, inactif à l'état normal, est mis à contribution pour revivifier les oscillations pendulaires, lorsque ces dernières ont atteint une amplitude au-dessous de laquelle se produirait l'arrêt du mécanisme.

Il n'est donc fait appel à l'énergie électrique qu'autant que son action est absolument nécessaire et à des intervalles de temps plus ou moins longs suivant la force et l'état de la pile.

Le pendule reçoit l'impulsion restitutrice au point de sa course le plus favorable, c'est-à-dire lorsqu'il passe dans la verticale et il met en mouvement, au moyen de cliquets et de roues dentées, une minuterie dont les aiguilles tournent devant le cadran qui porte les heures.

Description. — La tige d'ancre A (*fig.* 2) porte une assiette à trois bras et des broches 1, 2, 3, fixées aux extrémités de ces mêmes bras. (Sur la figure on a enlevé une partie du pont qui soutient la tige du côté de l'assiette pour dégager la vue intérieure du mouvement.)

Des cliquets CC' de même forme et de mêmes dimensions, pivotent autour des broches 1 et 2; ils sont terminés par une tête avec bec qui vient, par l'effet de son propre poids, s'engager entre les chevilles d'une roue R portant un pignon.

La disposition donnée à l'ensemble de ces organes mobiles est telle qu'à chaque double oscillation du pendule le jeu des cliquets produit la rotation de la roue à chevilles exactement comme dans un échappement ordinaire. Le pignon de la roue transmet son mouvement au train de minuterie.

Un autre cliquet C″, librement suspendu à la broche 3, porte également une tête, mais celle-ci se termine à la partie inférieure par un mentonnet renversé tourné vers le centre de la platine.

La pièce D K F est un levier angulaire pivotant autour d'un axe situé derrière la roue à chevilles R. Le bras inférieur DK est formé d'un fil d'acier rigide reposant sur une goupille d'arrêt et pour cette position

Fig. 1

du levier, le plan fuyant du mentonnet se trouve en contact avec le bout libre du fil d'acier.

Le bras supérieur FK, isolé électriquement de la masse de la pendule, supporte par son extrémité F la pression légère mais continue d'une lame d'acier flexible V (vue en bout dans la figure) fixée sur un plot également isolé, derrière la platine. Une ouverture pratiquée dans cette platine donne libre passage au ressort dont l'extrémité libre aboutit au-dessus et à peu de distance du sommet de la tête du cliquet C′.

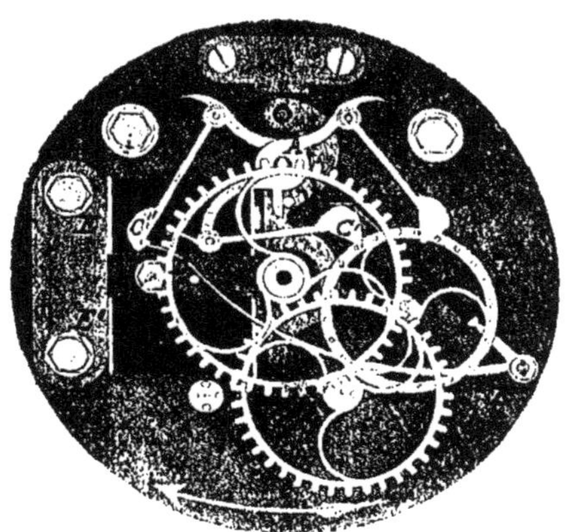

Fig. 2.

Lorsque les oscillations pendulaires ont l'amplitude qui convient à la marche normale du mécanisme, le mentonnet du cliquet C″ accroche en s'abaissant, le bras de levier D K et lui imprime en remontant un petit mouvement de rotation qui soulève le ressort. Cet effet mécanique empêche que la tête du cliquet C′ en se dégageant des chevilles par recul vienne toucher la lame V. Un talon extérieur ménagé près de la broche 2 et tourné vers le cliquet C″ repousse et sépare ce cliquet du levier lorsque le cliquet C′ passe d'un intervalle de chevilles à l'intervalle suivant.

Dès que les oscillations pendulaires tombent au-dessous de la limite au delà de laquelle le jeu des cliquets n'avancerait plus la roue R, le mentonnet n'accroche plus le bras D K; le levier D K F reste immobile et le cliquet C′, en se dégageant, vient toucher le ressort.

L'électro-aimant E E à deux bobines horizontales garnies de fil très fin disposées à gauche du centre de la platine est complété par une armature en fer doux dont le centre de rotation est projeté en I; la forme et la position occupées à l'intérieur du mouvement par l'armature sont telles, que sous l'action de son propre poids cette pièce se présente à une très faible distance des pôles de l'électro-aimant. Une cheville saillante, fixée sur le corps de l'armature, aboutit contre un quatrième bras disposé à la partie inférieure de l'assiette de la tige d'ancre et le tout est disposé pour qu'en se portant vers l'électro, l'armature entraîne ce doigt dans la direction marquée par la flèche.

Le circuit électrique extérieur se compose d'un fil reliant l'un des pôles de la pile au ressort V en passant par les bobines de l'électro et d'un autre fil mettant en communication le second pôle du générateur avec la masse de la pendule.

Comme complément de cette description, voici le diagramme du rouage de la pendule de M. Carrier. Notons que les pignons sont constitués par de simples goupilles.

```
(24)—2. . . . . . . . . . . .   Roue et pignon d'échappement
     36—4
        44—20. . . . . .   Aiguille de minutes
           20--4
              48. . .   Aiguille des heures.
```

Fonctionnement. — Voici maintenant comment l'énergie électrique intervient pour entretenir la force vive du pendule : on donne à la main une première impulsion au pendule et l'échappement fonctionne mécaniquement sans intervention du courant. Dès que l'amplitude des oscillations est suffisamment réduite, il y a contact entre le cliquet C′ et le ressort V et par suite fermeture du circuit à travers l'électro. Celui-ci excité attire son armature, et comme cette attraction a précisément lieu à l'instant où le pendule passe sur la verticale, la tige reçoit une impulsion qui ramène instantanément l'amplitude des arcs à leur valeur normale.

Le courant est fourni par une batterie de 6 à 10 éléments Leclanché réunis en tension, et le circuit se ferme toutes les vingt à trente secondes environ.

M. Carrier assure qu'une batterie de 10 éléments peut fonctionner pendant plus d'un an sans remontage.

PENDULE ÉLECTRIQUE VACOTTI ET ROSI [1]

Cette pendule, comme la précédente, ne se remonte pas, elle ne possède, en effet, ni poids ni ressort moteur, et l'électricité intervient seulement pour entretenir les oscillations d'un balancier spiral, qui sert à la fois de régulateur et d'organe de transmission de la force motrice. Le rouage est limité à une minuterie. Le mécanisme d'impulsion constitue un véritable échappement électrique tenant à la fois de l'échappement à ancre et de l'échappement libre à détente. Voici, d'ailleurs, comment est organisée la partie mécanique du système Vacotti.

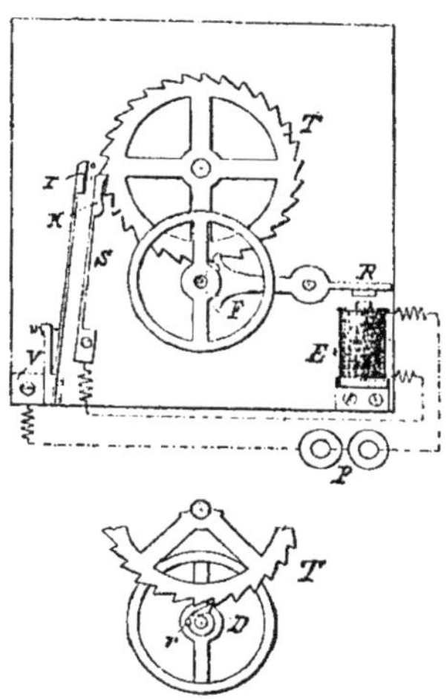

L'axe du balancier spiral porte un petit plateau garni d'une goupille qui s'engage dans les branches d'une fourchette mobile F, semblable à la fourchette d'un échappement à ancre de montre, seulement l'ancre

---

(1) Médaille de Bronze.

s'y trouve remplacée par une palette de fer doux R, qui sert d'armature à un électro-aimant E.

Le petit plateau est muni d'un doigt d'impulsion D dont le bec saillant peut s'engager dans les dents d'un grand rochet T lorsque les oscillations du balancier ont lieu dans le sens convenable ; ce doigt D est mobile autour d'un axe qui lui est propre, et un ressort circulaire r le maintient dans sa position normale.

L'effort impulsif du balancier, qui fait avancer le rochet, ne pouvant agir que dans une seule direction, ce dernier mobile n'est donc mis en mouvement qu'une seule fois pendant deux vibrations consécutives du balancier, et il y a ainsi une vibration muette au cours de laquelle le doigt s'incline sous le rochet pour son passage, après quoi il se redresse automatiquement sous la pression du ressort antagoniste.

Le rochet porte à son centre un pignon qui engrène avec un mobile intermédiaire (roue et pignon) en communication avec le rouage de minuterie.

Un cliquet de sûreté S empêche que le déplacement angulaire du rochet provoqué par le doigt d'impulsion D excède la largeur d'une dent ; la partie postérieure de la tête de ce cliquet est garnie d'une goutte en platine.

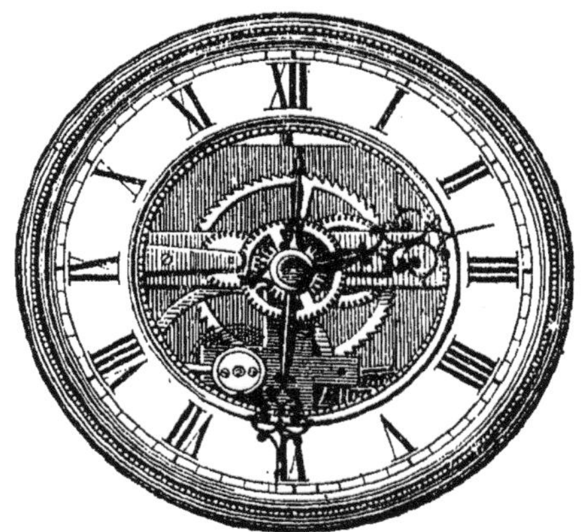

Le dispositif électrique se compose de l'électro-aimant E relié à l'un des pôles de la pile et au talon du cliquet S. Un interrupteur à ressort I, réglable à volonté, communique avec l'autre pôle du générateur, et les trois pièces E, S, I sont isolées électriquement de la masse de la pendule.

Le fonctionnement a lieu de la manière suivante : on produit à la main le mouvement oscillatoire du balancier, de manière à provoquer le déplacement du rochet par le doigt d'impulsion et à faire ainsi fléchir en arrière la tête du cliquet de sûreté qui laisse alors passer la dent qu'elle tenait en arrêt.

Mais le cliquet en reculant amène la goutte en platine au contact de l'interrupteur, ce qui ferme le circuit de la pile sur l'électro-aimant; celui-ci devient actif et, comme à cet instant l'armature se trouve près des pôles, il se produit une attraction magnétique instantanée qui fournit l'énergie nécessaire au balancier pour achever l'oscillation commencée. Dès que le doigt d'impulsion a franchi la dent du rochet, le cliquet S reprend sa position normale et le circuit électrique est coupé.

Au retour, le doigt d'impulsion passe sous le rochet sans le déplacer, puis, à l'oscillation suivante, les mêmes effets électriques et mécaniques se reproduisent dans le même ordre.

Ce système est très ingénieux mais il a l'inconvénient d'exiger de fréquentes fermetures du courant qui polarisent ou épuisent la pile au bout de très peu de temps, et c'est probablement à cette fâcheuse circonstance qu'il faut attribuer la courte durée du fonctionnement des horloges qui avaient été exposées par M. Vacotti dans la section italienne, à l'Esplanade des Invalides.

DISTRIBUTION ÉLECTRIQUE DE L'HEURE

PAR

LA FACULTÉ DES SCIENCES DE MARSEILLE (1)

Indications générales. — Dans le vestibule d'entrée de la Faculté des sciences, où le public est librement admis, est établie une pendule, à battement de seconde, réglée sur le temps moyen de Paris. Cette pendule, synchronisée électriquement par une autre horloge régulatrice placée à l'Observatoire, peut être considérée dans la pratique comme dénuée de toute correction, c'est-à-dire comme fournissant à tout instant l'heure nationale exacte (2). Les horlogers et les marins ont ainsi la facilité, dont ils profitent largement, de régler leurs chronomètres, en un point central de la ville et à toute heure de la journée, avec une exactitude absolue. En outre, le battement de seconde peut être transmis électriquement aux diverses salles de la Faculté.

La synchronisation de la pendule de la Faculté, par celle de l'Observatoire, est obtenue par le procédé bien connu sous le nom de système Foucault-Vérité; l'organisation chronométrique, dont il est ici question, ne présente à cet égard, aucune particularité nouvelle. Il en est tout autrement du moyen par lequel on maintient constamment à l'heure exacte la régulatrice de l'Observatoire. La permanence de ce réglage résulte d'un dispositif, réalisé pour la première fois à Marseille,

---

(1) Cet article a été écrit par M. Stephan, Directeur de l'Observatoire de Marseille.

(2) L'heure nationale légale est l'heure, comptée en temps moyen, à partir du méridien central de l'Observatoire de Paris, méridien qui est matérialisé par la méridienne que Jacques Cassini fit établir, en 1729, sur le pavé en marbre de la salle centrale du premier étage.

Cette méridienne est formée par trente et une règles de cuivre ajustées bout à bout, et dont chacune, d'après un mémoire de M. Wolf, est égale à la longueur du pendule à secondes de Picard.

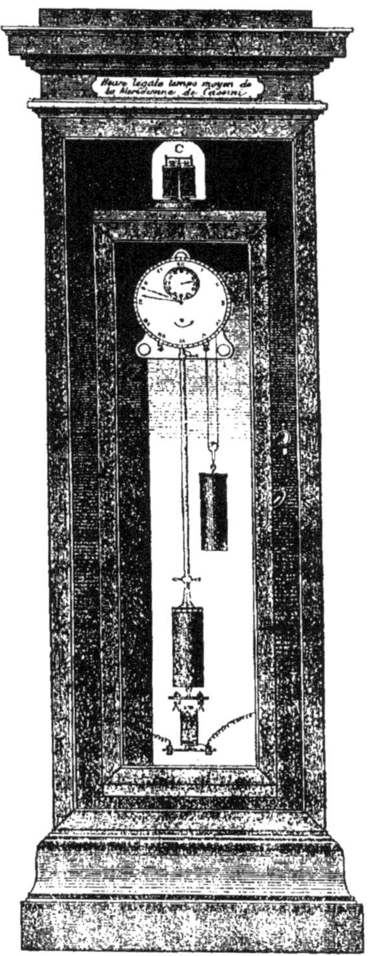

Fig. 1. — Pendule de la Faculté des sciences de Marseille synchronisée par celle de l'Observatoire.

par l'éminent artiste Fénon, à la demande du directeur de l'Observatoire. Ce dispositif sera décrit plus loin avec quelques détails.

Des appareils téléphoniques placés sur les côtés des pendules de l'Observatoire et de la Faculté, permettent de les comparer d'une manière prompte et commode.

Pendule de la Faculté. — La pendule de la Faculté (*fig.* 1) est de construction très simple : la tige de son balancier est en sapin. A sa partie inférieure, cette tige est munie de deux palettes de fer doux AA indiquées ci-contre en plan et en élévation (*fig.* 2), qui se trouvent alternativement à très faible distance d'un électroaimant B (*fig.* 1), quand le balancier est à l'une ou l'autre des limites de sa course oscillatoire. A cet instant, un courant, émis par la régulatrice et d'une durée de un dixième de seconde environ, passe dans les bobines. La petite attraction ainsi produite suffit pour entretenir la synchronisation ; on peut même faire varier la marche diurne de la régulatrice de plus de dix secondes en plus ou en moins sans que l'accord des deux pendules cesse de se maintenir. Tel est le procédé Foucault-Vérité ; mais on adaptait autrefois une seule palette dans l'axe du balancier en plaçant deux électro-aimants de

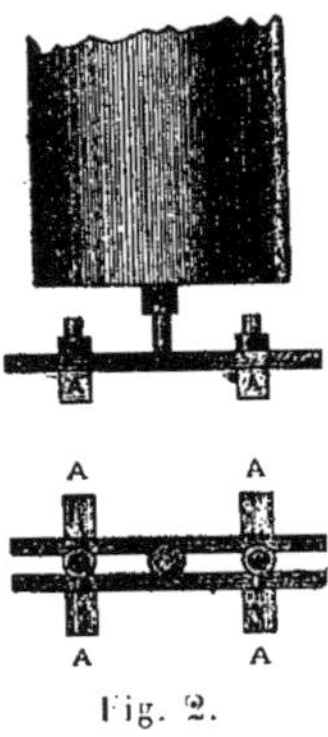

Fig. 2.

part et d'autre de la verticale. La disposition présente, due à M. Fénon, n'exige qu'un courant d'une intensité moitié moindre (1).

Au-dessus de la caisse intérieure de la pendule (*fig.* 1), est un relais C, traversé par le courant et qui bat la seconde. Deux bornes, fixées sur la caisse extérieure, communiquent avec les fils d'un circuit, fermé par le relais à chaque seconde ; c'est ainsi que le battement peut être transmis en un point quelconque de la Faculté.

Pendule régulatrice. — La pendule régulatrice, installée à l'Observatoire (*fig.* 3), est aussi de construction simple, mais très soignée : son balancier est une tige d'acier supportant un cylindre creux de fer noirci à l'extérieur et partiellement rempli de mercure, à l'intérieur, pour la compensation ; l'échappement est à ancre sans aucune particu-

---

(1) Exposée Classe 96.

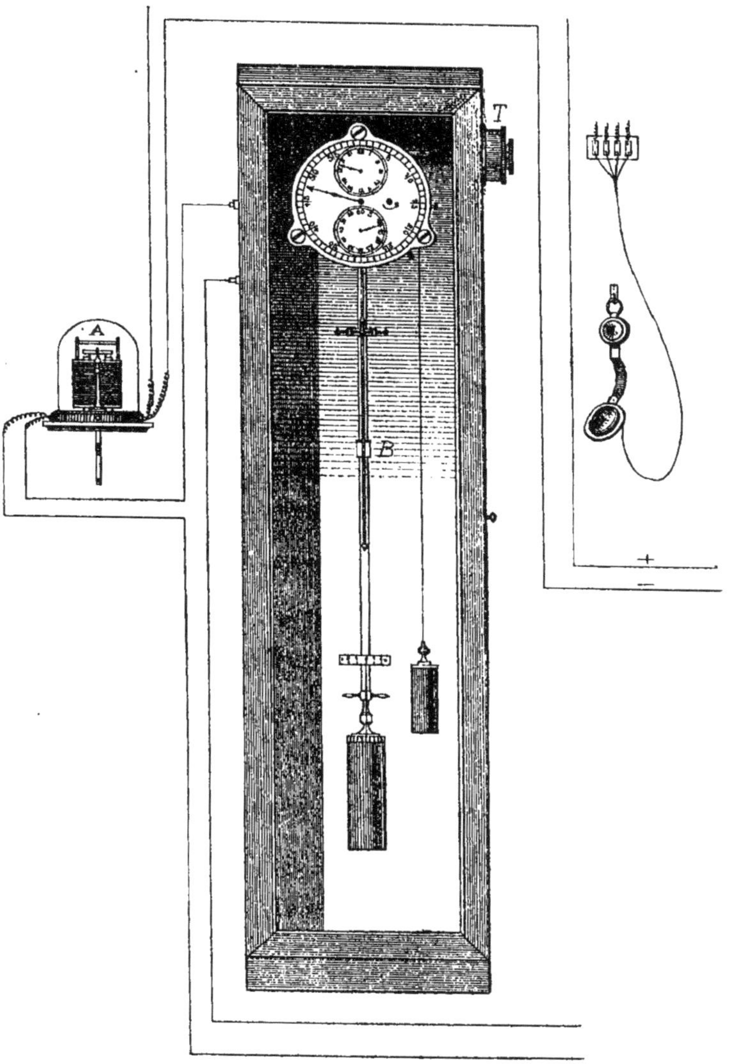

Fig. 3. — Pendule régulatrice de l'Observatoire de Marseille.

larité spéciale. A chaque seconde, le rouage communique un petit mouvement angulaire à une roue à rochets qui, pendant un dixième de seconde environ, ferme un inter-rupteur C (*fig.* 4). Alors un courant voltaïque traverse les bobines d'un relais A (*fig.* 3) qui, à son tour, ferme le circuit qui va de l'Observa-toire à la Faculté.

Tout ce que nous venons de décrire se retrouve, sans différences essentielles, dans toute installation où l'on fait usage de l'électricité comme agent synchronisateur. Nous avons actuellement à expliquer en quoi la nôtre se distingue des autres.

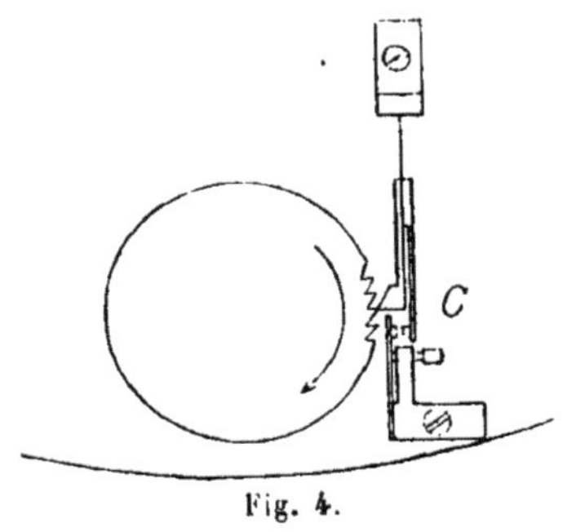

Fig. 4.

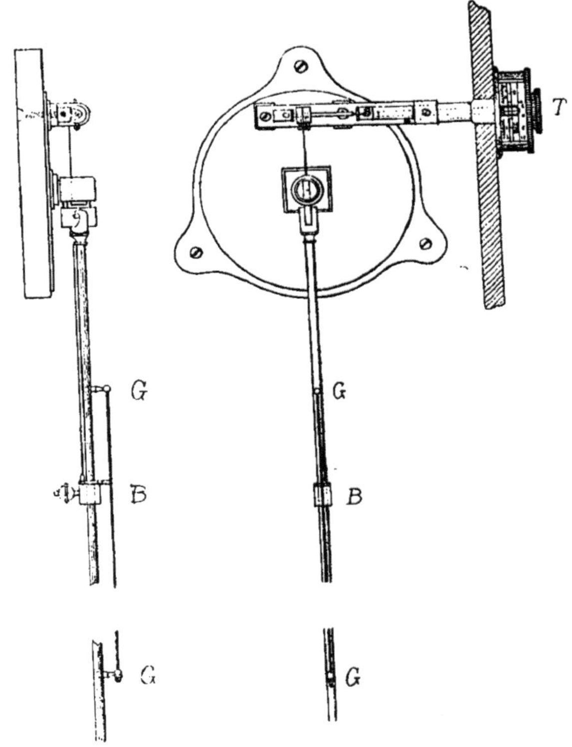

Fig. 5.

Dispositif spécial pour la remise à l'heure. — Sur la verge cylindrique, en acier parfaitement poli du balancier de la régulatrice, peut glisser un curseur en laiton B (*fig. 3*). Ce curseur représenté à plus grande échelle, de profil et de face (*fig. 5*) est supporté par un fil, de bronze silicié, de un dixième de millimètre d'épaisseur qui, à sa partie supérieure, s'enroule dans les spires d'un cylindre horizontal finement fileté. Il est clair qu'il suffit de faire tourner cette tige cylindrique horizontale, dans un sens ou dans le sens opposé, pour déplacer le curseur sur la verge vers le haut ou vers le bas du balancier et pour modifier

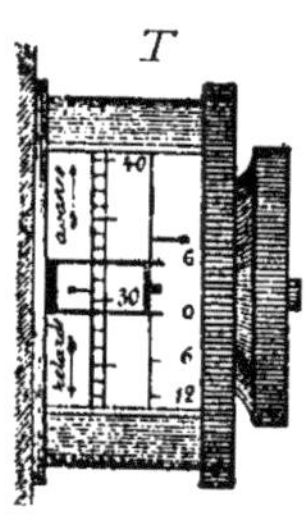

Fig. 6.

ainsi à son gré la durée des oscillations. L'une des extrémités de la tige cylindrique traverse la caisse de la pendule et porte un tambour gradué T (*fig. 5 et 6*). On peut dès lors procéder à coup sûr.

On sait que, quand on fixe, d'une manière quelconque, une masse additionnelle sur le balancier d'une horloge à une distance du point de suspension inférieure à la longueur du pendule simple synchrone, on accélère la marche de celle-ci; mais l'effet obtenu n'est pas indépendant de la position du point où l'on place la masse additionnelle. Il existe une position, peu distante du milieu, où l'effet produit est maximum. Si l'on s'écarte graduellement de ce point, soit vers le haut, soit vers le bas, l'accélération va en diminuant; de telle sorte que, sauf pour celui où l'accélération est maximum, il y a toujours, sur la tige du balancier, deux points où une même masse additionnelle produirait la même accélération.

Au début, notre curseur étant placé, à peu près au quart de la verge, en partant du haut, nous avons réglé la position de la masse principale de façon à avoir une marche presque parfaite. Cela fait, pour ralentir un peu la marche, il suffit de remonter le curseur; tandis que, par la manœuvre inverse, on l'accélère.

Ces propriétés du pendule composé ne sont pas nouvelles. Prony, qui les a étudiées, dans un mémoire inséré dans la *Connaissance des Temps* de 1817, en attribue la découverte à un ouvrier de la maison Bréguet; mais, en réalité, l'inventeur de la méthode de réglage des horloges par le pendule, l'illustre Huygens les connaissait déjà, et il les expose, avec la clarté qui lui est habituelle, dans son immortel ouvrage *De Horologio oscillatorio*.

Il y a même cela de piquant que la plupart des horloges d'Huygens, sinon toutes, étaient munies d'un petit poids susceptible d'être fixé, par une vis, en différents points de la verge de leur balancier, en regard de chacun desquels était notée la variation de marche correspondante.

Mais jusqu'ici la masse additionnelle n'avait été employée que pour parachever le réglage *d'une manière permanente*. Ce qui constitue la nouveauté et l'originalité de notre curseur, c'est sa mobilité.

Il était, en effet, audacieux d'apporter, au pendule régulateur, la complication d'une pièce mobile. Néanmoins, en dépit de cette cause apparente de trouble, la pendule de Fénon possède une marche comparable à celles des meilleures horloges connues. Si cet excellent résultat a été obtenu, il faut l'attribuer d'abord à deux précautions prises par l'artiste : en premier lieu, le curseur est guidé par une tige verticale GG (*fig.* 2), qui s'oppose au mouvement de rotation de ce petit poids autour de la verge du balancier; secondement, le fil, de bronze silicié, glisse sans jeu, entre deux pierres dures, au niveau de la ligne de flexion des lames de suspension du balancier. En outre et surtout, on doit tenir compte de l'habileté exceptionnelle du constructeur.

Réglage quotidien des horloges. — Voici maintenant la façon dont on procède pour maintenir les horloges à l'heure exacte : chaque jour, à 9 heures du matin, l'Observatoire compare la régulatrice de temps moyen à une pendule sidérale dont l'état est fourni par l'observation méridienne des astres. On constate ainsi que la régulatrice de temps moyen est en avance ou en retard d'une très faible quantité, par exemple qu'elle est en retard de deux dixièmes de seconde; on déplace alors légèrement le curseur, de manière à gagner ces deux dixièmes en vingt-quatre heures, et la pendule de la Faculté s'adapte facilement à cette rectification.

En fait, depuis son installation, c'est-à-dire depuis huit ans, la pendule de la Faculté n'a jamais été en écart de plus de un ou deux dixièmes de seconde, abstraction faite de l'erreur toujours minime qui peut entacher l'indication de la pendule sidérale. Quant aux cas d'interruption accidentels, indépendants du mode de réglage, tels que les ruptures des câbles de transmission, les arrêts volontaires pour des expériences spéciales ou pour le nettoyage des instruments, ils ont été très rares. On peut donc dire que le résultat obtenu est très satisfaisant. Il serait aisé de réduire encore l'erreur de la pendule, de la maintenir par exemple au-dessous de un dixième de seconde; mais, dans la pratique, la précision actuelle suffit.

Piles et circuit. — Les courants voltaïques, dont nous faisons usage, sont très faibles : le relais de la régulatrice est animé par un seul élément Callaud de grand modèle; quant au courant qui circule entre l'Observatoire et la Faculté, il est fourni par quatre éléments Meidinger associés en tension.

Le circuit est constitué par deux fils sous plomb qui, dans la presque totalité de leur parcours, longent les murs des égouts et qui, aux deux extrémités de la ligne, passent sous terre dans des tuyaux de poterie.

Conclusion. — Nous ne sommes pas les premiers à avoir résolu le problème de la conservation de l'heure exacte par une horloge; Le Verrier en avait déjà donné une solution. Son système, très efficace aussi et qui est appliqué depuis très longtemps à l'Observatoire de Paris, consiste à ajouter ou à enlever de petits poids marqués, dans une cupule fixée au balancier. Cette manœuvre a l'inconvénient d'exiger l'ouverture de la caisse de la pendule et une assez grande dextérité manuelle; de plus, la méthode ne permet pas de faire varier la marche avec une continuité complète.

Ce que nous avons réalisé à Marseille ne constitue qu'un premier pas vers le but que nous poursuivons : nous nous proposons d'étendre la distribution de l'heure à d'autres points de la ville et en particulier à la ligne des ports; mais l'exécution complète de ce projet est subordonnée au concours pécuniaire des pouvoirs qui sont intéressés à sa réalisation.

HORLOGE ÉLECTRIQUE SYSTÈME R. THURY [1]

ET

DISTRIBUTION ÉLECTRIQUE DE L'HEURE

Le principe sur lequel repose l'invention de M. Thury, consiste à utiliser comme force motrice les actions électro-dynamiques d'un courant polyphasé au lieu et place de la pesanteur ou de l'élasticité, et à faire usage d'un pendule conique comme organe régulateur, en remplacement du pendule circulaire.

Distribution de l'heure. — Le système comporte une *horloge mère* unique et des *horloges secondaires* ou sympathiques, en nombre quelconque.

L'horloge mère se compose d'un dynamo-moteur à axe vertical et à induit fixe (*fig.* 1 *et* 2) qui a pour but de produire, à l'aide d'une source quelconque de courant électrique, un mouvement de rotation réglable et rigoureusement continu. Elle peut permettre, de plus, de transformer un courant continu en courants polyphasés destinés à transmettre à distance ce mouvement régulier à des appareils sympathiques, marchant en synchronisme.

Cette horloge se compose d'un dynamo-moteur transformateur, muni d'un régulateur très précis. Le moteur est actionné par un courant continu fourni par une batterie d'accumulateurs ou par toute autre source de courant et l'enroulement de son armature est relié en plusieurs points (ordinairement trois) aux fils de transmissions à distance.

Le socle de l'appareil (*a*) supporte l'induit fixe (*c*) enroulé en anneau Gramme Paccinotti, à l'intérieur duquel se meut un inducteur (*d*) composé d'un noyau en fer doux traversé au centre par un axe creux vertical, sur lequel il est assujetti. Cet inducteur, excité par une dériva-

---

(1) Exposée Classe 23 et construite par M. H. Cuénod, à Genève.

tion du courant continu ou par un courant continu indépendant, est réglé par le régulateur de vitesse, dont il a été fait mention.

Les bobines inductrices (*f*), supportées par le noyau, portent dans ce but deux enroulements distincts dont l'un sert au réglage et l'autre est excité en permanence par un courant convenable.

Fig. 1. — Horloge mère (vue d'ensemble).

Un plateau fixé au-dessus de l'anneau sert de support au collecteur (*h*) du moteur, qui est fixe; il maintient également le coussinet supérieur (*i*) de l'appareil, qui guide l'axe. Le coussinet inférieur (*k*), formant crapaudine, est monté sur le socle; il guide et supporte l'axe, ainsi que toutes les pièces qui y sont assujetties.

Deux anneaux (*l* et *m*), fixés sur l'axe, servent à transmettre le courant continu, d'une part à l'enroulement excitateur de l'inducteur et d'autre part aux deux balais mobiles qui distribuent eux-mêmes le courant à l'armature.

L'axe de l'appareil porte à sa partie supérieure un pendule conique à deux branches et à bras croisés, afin d'être isochrone sous un angle aussi étendu que possible. Les bras du pendule portent des contacts (*p*), dont une des surfaces, constituée par un vis réglable, est reliée à l'enroulement de réglage de l'inducteur.

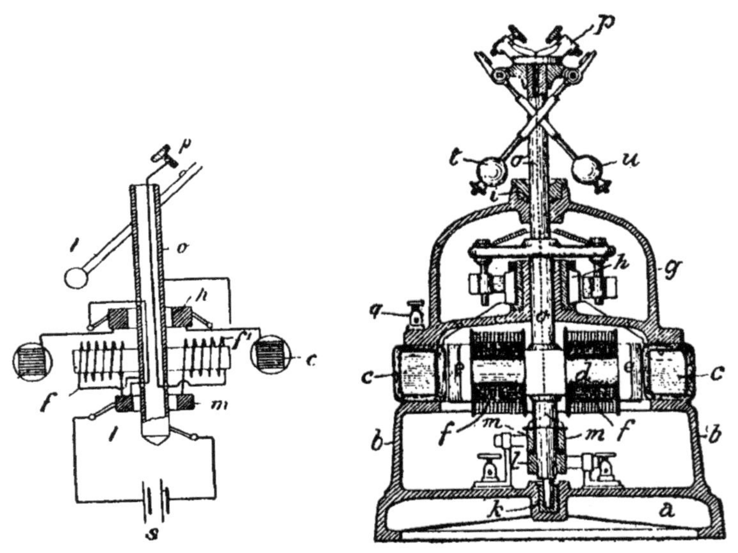

Fig. 2. — Coupe et schéma de l'horloge mère.

Lorsque les bras du pendule s'écartent au delà d'une limite déterminée, les contacts se rompent. Certaines fluctuations de vitesse entre deux réglages successifs sont évitées en donnant aux masses (*l* et *u*) du pendule conique un poids relativement lourd.

Le courant polyphasé est directement recueilli sur l'enroulement de l'induit fixe par trois prises (*q*), faites sur chaque tiers de l'enroulement, d'où partent les trois fils pour la mise en mouvement synchronique des horloges sympathiques. L'un de ces fils peut être remplacé par la terre.

Ce système permet donc la transmission à distance d'une énergie relativement grande, qui n'a pas à passer par l'intermédiaire de contacts alternatifs, autres que les contacts glissant sur le collecteur continu (h) ou les bagues continues (l et m). Le seul contact alternatif, celui du régulateur, n'a à transmettre qu'une fraction très minime du courant.

Le *réglage de l'horloge* est, comme cela a été dit plus haut, obtenu à l'aide d'une partie de l'enroulement excitateur (f), spécialement réservé à cet effet. Cette portion de l'enroulement est bobinée en sens inverse de l'autre, et a pour effet d'affaiblir le champ, ce qui correspond à une accélération du nombre de tours.

Aussitôt que les bras du pendule conique s'écartent suffisamment, les contacts coupent le courant qui traverse ces spires de réglage (f), le champ se renforce et la vitesse tend à diminuer ; le courant qui traverse les contacts (p) se trouve ainsi réduit au minimum.

En d'autres termes, le courant passe en permanence dans l'enroulement d'*excitation* et circule seulement dans l'enroulement de *réglage*, lorsque les contacts des pendules touchent la vis (p). Le champ inducteur diminue alors, en présence des champs opposés produits par les deux bobinages ; la vitesse du moteur augmente, le contact des pendules se rompt et l'enroulement de réglage est mis hors circuit. La vitesse de l'horloge mère oscille donc entre deux circuits que l'on peut rapprocher autant qu'on veut en proportionnant convenablement les masses et les enroulements.

L'étincelle d'extra-courant ne se produit pas parce que le circuit d'excitation principal étant constamment fermé, les courants d'induction qui s'y développent, au moment d'une rupture de circuit de réglage, agissant en sens inverse sur cet enroulement et réduisent la force électromotrice induite à une quantité négligeable.

L'appareil récepteur, ou horloge sympathique (r), schématiquement représenté figure 3, est constitué par un moteur synchrone composé d'un aimant permanent en fer à cheval, monté sur pivot, qui actionne la minuterie, et de trois bobines fixes induites, reliées entre elles par un fil commun et par trois conducteurs avec l'horloge mère. Ces bobines sont ainsi parcourues successivement par le courant triphasé émis par le moteur de l'horloge, et le champ tournant produit entraîne l'inducteur en fer en cheval qui marche ainsi synchroniquement avec l'horloge mère. On obtient ainsi une minuterie très simple. Le mouvement des aiguilles est pratiquement continu lorsque la vitesse de l'horloge mère commence à dépasser 120 tours par minute.

On obtient un nombre de tours plus faible que celui du moteur de l'horloge, en doublant ou en triplant le nombre de pôles des bobines induites.

Pour les appareils récepteurs qui demanderaient un mouvement plus continu que celui provenant des moteurs triphasés, il serait facile,

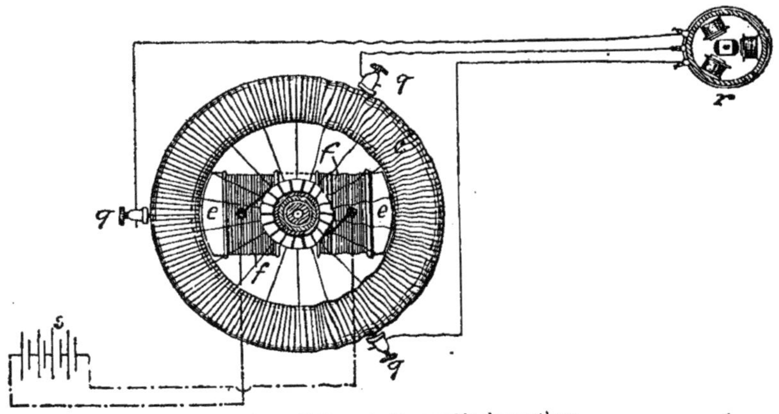

Fig. 3. — Schéma de l'ensemble du système.

par l'intermédiaire d'un transformateur, de disposer d'un courant hexaphasé qu'on appliquerait au moteur synchrone.

Avantages du système. — Dans la pratique, la transmission électrique de l'heure se fait ordinairement par le moyen de courants continus, émis périodiquement par l'horloge mère ; le moteur de l'horloge sympathique doit alors être assez puissant pour mener le mécanisme pendant un temps très court par rapport au temps total, et le courant à transmettre pour la distribution de l'heure doit être proportionnellement plus fort.

Le courant moteur n'est généralement émis qu'une fois par minute, et le temps nécessaire pour faire avancer le mécanisme est inférieur à une demi-seconde, soit 1/120 du temps total ; l'énergie à transmettre, pendant cette demi-seconde, doit donc être 120 fois plus forte qu'elle ne le serait avec un mécanisme moteur agissant d'une façon continue.

De plus, par le fait même du mouvement saccadé, d'autres dépenses d'énergie sont exigées pour vaincre l'inertie des pièces en mouvement, et ces dépenses ne sont pas restituées au moment où le mécanisme s'arrête.

Avec les horloges sympathiques, du système Thury, qui emploient un moteur synchrone, dont la puissance peut être très réduite, les courants électriques nécessaires au fonctionnement sont réduits en proportion, et la distribution à un très grand nombre d'horloges devient possible. Les batteries d'accumulateurs ou les piles seront donc beaucoup moins fortes et leur entretien rendu plus facile.

Par suite de cette faible consommation de courant, la résistance chimique des réseaux de distribution est pratiquement sans influence sur la marche des horloges sympathiques, et ces horloges peuvent être de très grandes dimensions sans exiger pour cela l'emploi de courants intenses.

Les horloges sympathiques sont toutes indépendantes et sans influence les unes sur les autres.

Il convient encore de remarquer que les courants polyphasés ont l'avantage d'être émis non par des contacts alternatifs, sujets à usure et déréglables, mais bien directement par la source même, soit par l'anneau du moteur transformateur, et n'ont par conséquent pas à passer par des organes de réglage. Cela a une grande importance au point de vue de la précision du fonctionnement ; le pendule n'est en effet pas influencé par la résistance qu'il aurait à vaincre, dans des horloges électriques ordinaires, pour établir les contacts nécessaires à la transmission d'un fort courant.

L'influence pertubatrice des courants d'induction sur les réseaux de transmission de l'heure : décharges atmosphériques, inductions de forts courants d'éclairage, tramways, transmissions de force, sera réduite au minimum, sinon totalement supprimée, dans les distributions de l'heure par courants polyphasés. Cela résulte de l'emploi de moteurs synchrones, peu sensibles à tous autres courants qu'aux courants polyphasés, qui sont nécessaires à leur marche. Une distribution de l'heure à deux fils (le troisième peut être la terre) sera du reste beaucoup moins sujette aux effets perturbateurs des orages et des courants industriels que les distributions ordinaires à un fil ; l'induction étant annulée par l'emploi du double fil.

Il n'y a pas à craindre d'effets d'électrolyse dans les réseaux, ce qui facilite l'isolement des conducteurs, qui peut être relativement médiocre, car la tension du courant nécessaire à la distribution peut être extrêmement faible, puisqu'une intensité de courant très réduite suffit à la marche de ces horloges à mouvement continu.

Enfin, un point important pour les distributions de l'heure dans des appartements, le mouvement des horloges sympathiques est non seulement continu, mais encore silencieux.

Applications scientifiques de l'appareil. — On sait que certains appareils scientifiques, tels que les équatoriaux astronomiques, les chronographes enregistreurs et les seismomètres, doivent être pourvus d'un mouvement continu très uniforme et d'une assez grande puissance motrice disponible.

Le pendule circulaire, dont le mouvement alternatif exige le mécanisme de l'échappement pour sa transformation en mouvement circulaire de sens constant, ne permet qu'un mouvement intermittent et saccadé, tel qu'on le voit à l'aiguille des secondes d'un régulateur destiné à l'horlogerie ; cela résulte de la nature même de l'échappement, et ce mouvement saccadé ne peut être transformé en mouvement circulaire uniforme qu'à l'aide de mécanismes délicats, et avec un résultat final toujours imparfait ; de plus, l'échappement exclut, dans une grande mesure, l'emploi d'une force motrice disponible un peu grande, toutes les fois que la force disponible employée n'est pas absolument invariable.

Ces motifs ont fait désirer que le pendule conique, inférieur au pendule circulaire dans son application à la mesure exacte du temps, reçut des perfectionnements qui le rendissent comparable au pendule circulaire pour l'uniformité de marche, tout en le surpassant au point de vue de la quantité de force disponible sur le moteur.

Ce problème préoccupait déjà M. R. Thury en 1880, époque à laquelle il construisit le premier régulateur électrique qu'il appliqua à un équatorial de 6 pouces.

Plus tard, l'Observatoire de Genève et l'observatoire Urania, de Berlin, appliquèrent un de ces appareils perfectionnés à la conduite de grands équatoriaux. Ces horloges ont donné de forts bons résultats comme puissance motrice et comme régularité de marche.

Au début, l'appareil régulateur était composé d'un pendule conique à ressorts avec douille mobile servant à établir ou à rompre un contact électrique. Mais comme cette disposition provoquait de légères résistances, l'appareil a été perfectionné, et aujourd'hui, il ne comporte ni douilles ni ressorts ; les deux bras du pendule conique sont suspendus librement et le contact électrique destiné au réglage s'effectue très près du point de suspension.

Une variation extrêmement minime de l'angle d'écartement des bras suffit pour établir ou pour rompre le courant de réglage, qui est très faible et n'excède pas 0,03 ampères sous 2 volts dans le dernier appareil construit. L'arrangement des circuits inducteurs permet d'éviter complètement la formation dans le circuit de réglage d'extra-courants capables de produire une étincelle. Il résulte de ces dispositions que le régulateur fonctionne sous un angle d'écartement constant et que les efforts nécessaires pour établir ou pour rompre le contact de réglage sont pratiquement négligeables, vu l'extrême faiblesse du courant à transmettre ; c'est ainsi qu'il a été possible d'obtenir, dès les premiers essais, une précision de marche suffisamment grande pour pouvoir la comparer à celle des meilleures horloges à pendule circulaire et à échappement.

L'électromoteur n'exige pas de remontage ; il est doué d'une grande puissance mécanique et possède un mouvement dont l'uniformité dépasse celle de la plupart des horloges employées à la conduite des équatoriaux. Appliqué aux instruments astronomiques, ce régulateur facilitera la photographie des astres, en maintenant plus longtemps que les régulateurs actuels la constance de situation des images sur la plaque sensible. De plus, il permettra de séparer plus souvent les spectres d'étoiles très voisines.

Ce régulateur s'applique aussi bien à des appareils isolés qu'à la commande indépendante ou simultanée de plusieurs instruments comme les équatoriaux, les chronographes enregistreurs, les seismomètres, etc., installés dans le même observatoire, au moyen d'horloges sympathiques marchant synchroniquement avec l'horloge mère.

Le système actuel présente donc sur le précédent, exécuté en 1880 par M. Thury, les avantages d'une précision plus grande, jointe à la facilité de commande à distance d'horloges secondaires ou de divers instruments.

RÉGULATEUR ÉLECTRIQUE

Système CAMPICHE

M. H. Campiche, de Genève, exposait, dans la classe 27, deux pendules libres à secondes, entretenus électriquement, et une horloge à poids avec transmission électrique de la seconde (1).

Le système imaginé par M. Campiche rentre dans la catégorie des horloges dites à réactions indirectes dans lesquelles des poids ou des ressorts sont remontés ou tendus à intervalles réguliers par l'énergie électrique et mis ensuite en liberté pour réagir sur le pendule au point de sa course jugé le plus favorable pour entretenir la régularité des oscillations.

Le procédé dont M. Campiche est l'inventeur paraît remonter à l'année 1893, époque à laquelle le *Journal suisse d'horlogerie* a donné une description d'un « Nouveau régulateur électrique distribuant l'heure », à laquelle nous faisons l'emprunt suivant :

« Un pendule à secondes A porte à sa partie supérieure un ressort qui, à chaque double oscillation, fait avancer d'une dent F une roue d'échappement C de 30 dents ; celle-ci fait donc un tour par minute. Sur cette roue, maintenue par le cliquet de sûreté K, est fixé un bras H qui établit un contact avec la pièce J (*fig.* 1).

« D'autre part, le pendule A est muni à sa partie inférieure d'un bras B, disposé pour soulever l'armature équilibrée D d'un électro-aimant E. Au moment où le bras H établit le contact avec la pièce J, le circuit se trouve fermé, l'électro-aimant E attire l'armature D qui, appuyant sur le bras B, donne au pendule une impulsion qui se répète ainsi toutes les minutes. Pour que le choc ne soit pas trop brusque, le bras B agit sur le pendule par l'intermédiaire d'un ressort disposé à cet effet.

---

(1) Médaille d'argent.

Le courant électrique est entretenu par la pile P, et sur le circuit sont intercalés les compteurs électro-magnétiques L L, donnant l'heure et la minute.

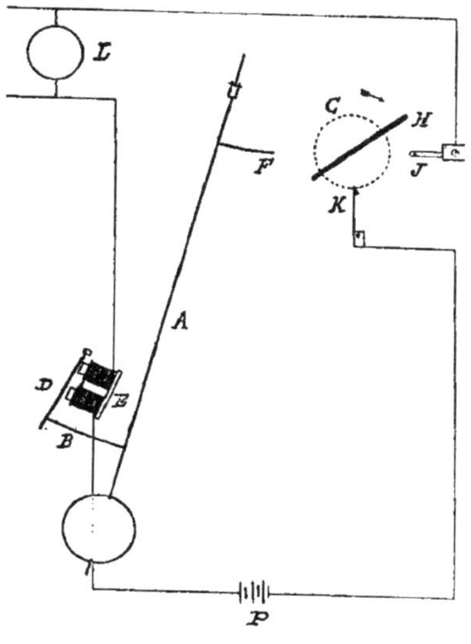

Fig. 1.

« La roue C porte une aiguille avançant de deux en deux secondes et qui marquerait la seconde si le pendule était à demi-secondes et si la roue d'échappement portait 60 dents. L'impulsion pourrait d'ailleurs se donner chaque demi-minute par l'autre extrémité du bras H, ou même plus fréquemment, en adaptant un second bras à la roue C ».

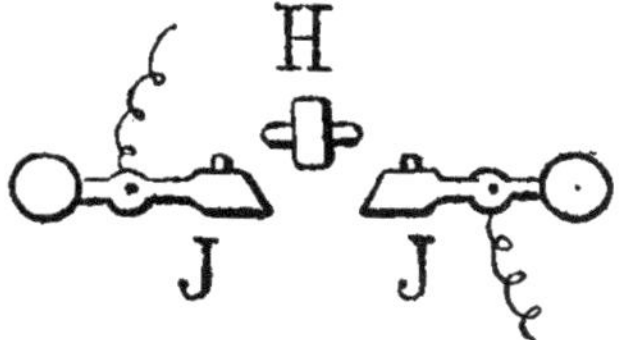

Fig. 2.

Avec les pièces exposées par M. Campiche dans la classe 27, la fermeture du courant a toujours lieu d'après le même principe, seulement l'organe électro-mécanique a subi de nombreux et élégants perfectionnements.

Le rochet *c* porte 30 dents, et il avance d'une dent sous l'action d'un doigt réglable *d* fixé au pendule à seconde *b*. Le mobile *c* exécute donc un tour par minute, ainsi que la goupille en platine irridié qui traverse un de ses bras de part en part ; cette goupille sert à fermer le circuit de la pile sur l'électro-aimant lorsqu'elle passe sur les contacts, également en platine, de la pièce *g*, qui forme une sorte de fourchette entre les dents de laquelle tourne le rochet *c* (*fig.* 3).

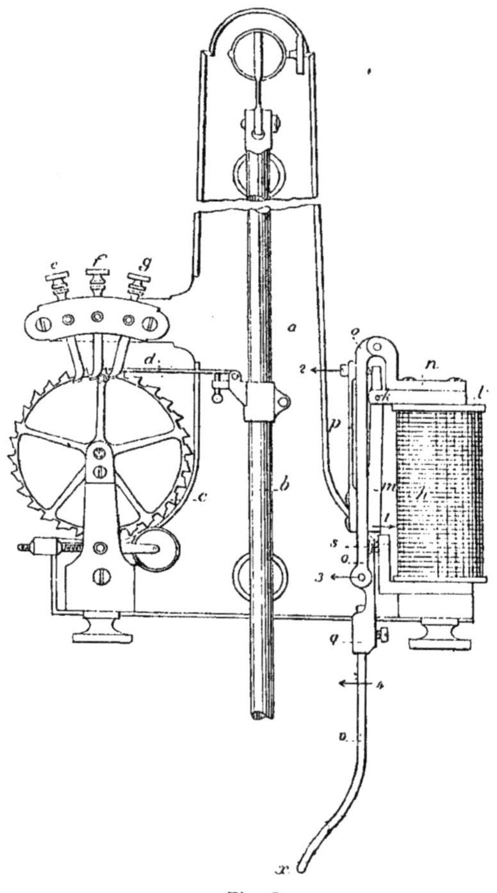

Fig. 3.

La durée du contact est seulement d'une fraction de seconde, pendant laquelle l'électro-aimant excité attire, suivant la flèche 1 l'armature *m*, qui pivote au point *k*. Cet organe porte à sa partie supérieure un talon qui repousse l'extrémité libre (suivant 2) d'une lame élastique *p* fixée vers le bas d'un levier *oo* qui pivote autour d'un axe appartenant à la potence *n*.

Le jeu du ressort *p* détermine le déplacement angulaire du levier *oo* (suivant 3) et d'une tige *v x* longue et légère (suivant 4) tenue dans un manchon *q* articulé à la partie inférieure du levier *oo*.

L'impulsion donnée à la tige du pendule est ainsi la résultante de la réaction du ressort *p*, elle est toujours égale et se produit sans choc, quel que soit l'état de la pile.

Un sautoir à molette et à contrepoids placé au bas du rochet, maintient ce mobile en place après chaque poussée du doigt *d*.

D'autres fourchettes, *e*, *f*, distribuées à la périphérie de la roue *c*, peuvent servir, par l'intermédiaire de la goupille, à fermer le circuit de lignes affectées à la distribution de l'heure.

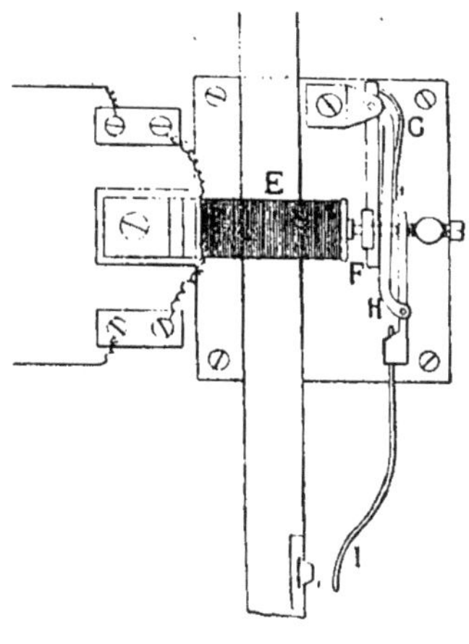

Fig. 4.

On peut aussi utiliser ces contacts à la synchronisation des pendules d'horloges identiques au régulateur initial, quand même ces horloges retarderaient d'une ou de deux minutes par jour ; il suffit pour cela que l'horloge directrice soit bien réglée. Supposons par exemple qu'une des horloges secondaires retarde de deux minutes en 24 heures, soit de 7 centièmes de seconde environ par minute. A chaque fermeture du circuit, c'est-à-dire toutes les minutes, l'écart sera corrigé automatiquement puisque tous les poussoirs électro-mécaniques, agissent au même instant et donnent ensemble leurs impulsions. Le pendule en retard recevra donc une impulsion accélératrice qui le ramènera, au début de la minute qui commence, dans la même position angulaire que le pendule directeur.

Dans la figure 4, qui représente un dispositif où l'électro-aimant occupe une position horizontale, le jeu des pièces est le suivant : l'armature F étant attirée par l'électro-aimant arme le ressort G fixé au levier H qui tourne autour du même axe que l'armature. Ce ressort donne l'impulsion au pendule par l'intermédiaire de la tige I dont le mode de fixation au levier est le même que le précédent.

HORLOGE ÉLECTRIQUE DE HIPP

ET UNIFICATION DE L'HEURE

Plusieurs horloges du système de M. Hipp étaient exposées par la maison Peyer, Favarger et C⁰ de Neufchâtel, dans la classe 27, ainsi qu'une grande quantité d'appareils électro-mécaniques applicables à la chronométrie et à d'autres usages (1).

Nous renvoyons à l'ouvrage de M. Favarger, *L'électricité et ses applications à la chronométrie* (2), le lecteur qui voudrait connaître par le détail les appareils électro-chronométriques imaginés par M. l'ingénieur Hipp. Nous nous contenterons d'exposer ici le principe sur lequel reposent ses horloges à réactions directes.

Dans les appareils dont il s'agit, le pendule porte, à la partie inférieure de sa tige, une armature qui est attirée par un électro-aimant lorsque le pendule, ramené par la pesanteur, est au voisinage de la verticale et quand l'amplitude des oscillations descend au-dessous d'une certaine valeur angulaire minimum.

L'action attractive développée par l'électro accélère le mouvement oscillatoire et restitue au pendule la force vive qu'il avait perdu.

Voici comment sont disposés les principaux organes de cette horloge.

Le pendule P oscille autour du point de suspension O et il porte à sa base l'armature de fer A qui passe à une très faible distance de l'électro-aimant E disposé dans le plan vertical mené par la suspension du pendule.

Le levier BC est constitué par une lame d'acier flexible ; il est horizontal et fixé à mi-hauteur du montant portant la suspension O ; son extrémité libre C repose normalement sur un plot d'arrêt *m'*, isolé électriquement ; mais il peut venir buter contre un second plot *m* placé

---

(1) Grand Prix.
(2) Comité, Directeur du *Journal suisse*, à Genève, éditeur, 2⁰ édition.

au-dessus du premier et communiquant directement avec un des pôles
de la pile L.

Une palette F, ou couteau en acier,
est librement articulée en N sur le
ressort B C, un peu en dehors de
la verticale du pendule; elle est
rencontrée à chaque oscillation par
un petit bloc prismatique également
en acier, monté sur la tige du pendule et dont la face supérieure présente une ou plusieurs entailles peu
profondes parallèles à l'arête du
couteau.

Le second pôle de la pile L est
réuni au point d'attache C de la
lame, en passant par l'électro-
aimant.

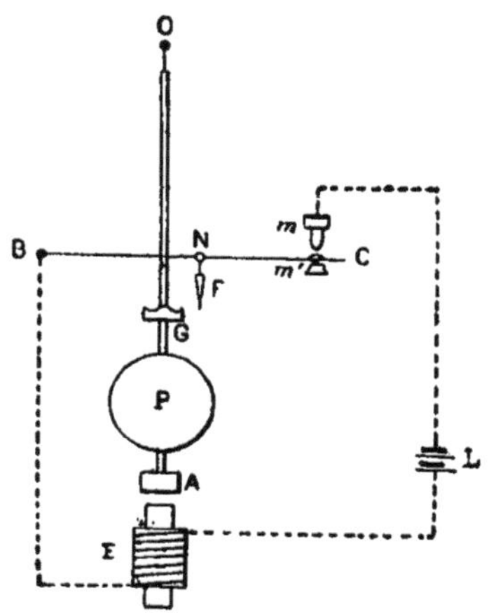

Lorsque les oscillations du pendule ont une amplitude suffisante, le
bloc écarte l'extrémité inférieure du couteau et celui-ci est lancé à

droite et à gauche, sans que ces mouvements aient de répercussion sur la position
de repos de la lame B C. Mais, dès que l'arc
d'oscillation atteint une valeur pour laquelle
le retour du pendule a lieu précisément
lorsque l'arête de la palette est encore
logée dans l'encoche du bloc, il se produit
un arc-boutement entre les deux pièces et
par suite un soulèvement du ressort B C
dont l'extrémité se porte contre le plot m.

Le circuit de la pile se trouvant ainsi
fermé sur l'électro-aimant, celui-ci attire
l'armature du pendule et fournit à ce
dernier l'impulsion qui régénère ses oscillations.

Le pendule met en mouvement, au moyen
de cliquets et de roues dentées, les aiguilles
du cadran de l'horloge.

Par ce qui précède, on voit que l'intervalle de temps qui sépare deux
émissions successives du courant dépend uniquement de l'état de la

pile et que les *échappements électriques* sont d'autant plus espacés que la pile a moins servi. Dans tous les cas, la régularité de marche de l'horloge n'est que peu ou point affectée par le plus ou moins de fréquence des attractions de l'armature, puisque l'amplitude des oscillations ne peut pas descendre au-dessous d'un certain minimum.

La société anonyme d'électricité, anciennement Schuckert et C⁰, a associé ce système d'horloge à ses compteurs d'énergie et on pouvait en voir un échantillon à l'exposition allemande, dans la classe 23.

Mais M. Hipp a conçu, en dehors de ces horloges de fabrication courante, des pendules de précision disposés en vue de l'unification de l'heure à distance et dont quelques spécimens figuraient à l'Exposition. Ces appareils consistent en un simple pendule à secondes dont le mouvement est entretenu électriquement comme il a été expliqué ci-dessus, sauf quelques changements apportés dans la position de certains organes. La suspension du pendule est, dans ce cas, munie d'un système de contacts à lamelles en platine irridié, permettant d'obtenir à chaque oscillation un renversement du courant de la pile qui alimente les horloges secondaires dont les compteurs électro-chronométriques du système Hipp portent les armatures polarisées qui exigent pour fonctionner des inversions successives de polarité.

HORLOGE A REMONTOIR ÉLECTRIQUE

DISTRIBUTEUR ET RÉCEPTEUR DE L'HEURE

Système RÉGIS

M. Régis, horloger à Aubin (Aveyron), exposait, dans la classe 96 à l'Exposition de 1900, une horloge pourvue d'un nouvel échappement à force constante et d'un mécanisme de remontage électrique avec distributeur également électrique pour l'unification de l'heure à distance.

Remontoir électrique. — Le moteur est un poids suspendu à une cordelette qui passe sur la gorge d'une poulie à pivot. La traction du poids s'exerce sur un ressort à boudin fixé au bras supérieur recourbé (2) d'une armature à trois bras (1-2-3) qui peut osciller dans un plan vertical autour d'un axe horizontal situé près de la partie supérieure des bobines d'un électro-aimant S.

Le bras le plus court (1) de cette pièce oscillante est horizontal et à son extrémité est fixée l'armature en fer doux qui complète tout électro-aimant. Nous reviendrons plus loin sur la constitution de ladite armature dont le dispositif particulier mérite d'être signalé à divers égards.

Le bras le plus long (3) de l'armature est rectiligne comme le plus court et il forme avec celui-ci un angle dont la valeur excède un peu l'angle droit. L'extrémité inférieure de ce grand bras est traversée par une goupille qui sert d'axe de rotation à un tirant (10) terminé par une pièce incurvée disposée pour agir sur le rouage de l'horloge.

A cet effet, le bout du tirant est percé d'un œil dans lequel s'engage une goupille plantée sur un levier porte-cliquet (11), dont l'axe de rotation est le prolongement de la tige du pignon qui mène la minuterie; seulement, le levier dont il s'agit tourne à frottement libre sur cette tige. Quant au cliquet, il s'engage sous l'action d'un ressort dans la fine denture d'un rochet (12) également monté à frottement libre sur le même axe et près d'une roue E, dont l'engrenage commande le pignon de la roue d'échappement.

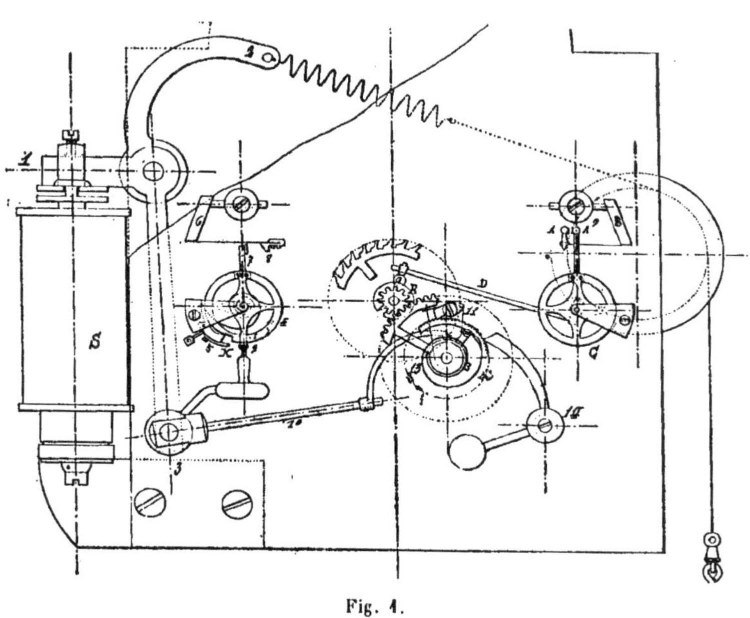

Fig. 1.

Un ressort auxiliaire (13) relie le rochet (12) à l'assiette de la roue E et un cliquet d'arrêt (14) empêche le premier de ces mobiles de tourner dans un sens autre que celui résultant du jeu de pièces, provoqué par le tirage du poids moteur. Ce sens est indiqué par la flèche f.

Le remontage a lieu dès que l'armature, sollicitée par le poids moteur, a tourné d'un certain angle pour fermer, comme il sera dit plus loin, le circuit extérieur de la pile. Le courant électrique est alors lancé à travers les spires des bobines; des pôles se forment sur les noyaux de l'électro-aimant et l'armature est ramenée instantanément à son point de départ.

Le mouvement angulaire qui se produit autour de cette pièce a pour effet de remonter d'une part le poids moteur et de déterminer d'autre part un déplacement du tirant (10) et du levier (11) qui porte le cliquet de cette pièce en arrière de la position qu'elle occupait. Le tirant peut donc de nouveau agir sur le rouage.

Pendant le très court instant durant lequel l'action de la pesanteur est suspendue, la détente du ressort auxiliaire, qui s'arme automatiquement entre deux remontages, suffit à entretenir le mouvement de la roue E.

Il reste maintenant à décrire le mécanisme à l'aide duquel un commutateur provoque et un interrupteur suspend, à des intervalles de temps réguliers, les émissions du courant de la pile.

Sur le tirant (10), et près de son articulation avec le bras (3) de l'armature, est fixé un court appendice rigide terminé par un doigt (9), dont la direction est sensiblement verticale. Ce doigt, qui est à la fois le commutateur et l'interrupteur électrique du système, s'engage et reste constamment à l'intérieur de la trajectoire d'une goupille I en saillie sur le plan du limbe d'une roue (4), qui tend à tourner automatiquement de gauche à droite sous l'action d'un ressort spiral armé d'un quart de tour.

Sur la gauche du commutateur, la roue (4) porte un cran d'arrêt dans le fond duquel peut venir buter un cliquet (5), dont la stabilité est assurée par un contrepoids ; enfin un des rayons de la roue est prolongé par un bras portant une goutte (7) en platine qui peut venir au contact d'un bloc (8) de même métal pour fermer le circuit de la pile sur l'électro-aimant. Le bloc et la roue sont isolés électriquement de la masse de l'horloge ; le premier est directement réuni au pôle positif de la pile ; le pôle négatif communique avec la roue en passant par l'électro-aimant. Le bloc est porté par une lame élastique et sa position est réglable au moyen d'une vis.

Lorsque le poids moteur vient d'être remonté, les pièces occupent les positions indiquées par la figure 1 et la goupille I se trouve retenue, au point culminant de sa trajectoire, par le commutateur ; mais à mesure que le jeu de l'échappement laisse descendre le poids, l'armature tout entière se déplace angulairement, de sorte que le doigt (9), qui est dans la dépendance du bras (3) de l'armature, s'abaisse et recule vers la gauche, suivi dans son mouvement par la goupille I jusqu'à ce que le fond du cran de la roue (4) vienne buter contre la tête du cliquet. A cet instant, le contact (7) se trouve très rapproché du bloc (8).

Le jeu des autres pièces continuant dans le même sens, le commutateur rencontre bientôt une cheville K en saillie sur la tête du cliquet, et la pression qu'il exerce sur ladite cheville a pour résultat de faire sortir lentement le cliquet du cran d'arrêt. Dès que la sortie est effectuée, la roue (4) est libre et le bras (7) se porte instantanément sur le bloc (8). Le courant de la pile passe, l'électro-aimant ramène le bras (1) contre les noyaux magnétiques, et les autres organes mis en mouvement reprennent les positions dans lesquelles elles sont représentées sur la figure.

L'armature, avons-nous dit plus haut, mérite une description spéciale : cette pièce est tout entière en laiton et pivote librement entre les deux platines de l'horloge ; le petit bras porte, sur sa face inférieure, une plaque également en laiton, de même forme et de même dimension que la plaque en fer doux formant l'armature proprement dite que l'électro-aimant doit, en tout état de cause, attirer pour provoquer le mouvement mécanique décrit ci-dessus.

La plaque en fer doux est placée au-dessous de la plaque de laiton ; l'une et l'autre sont percées, à leurs extrémités, de trous qui se correspondent et dans lesquels on introduit des vis. Celles-ci, retenues par la tête, jouent librement dans la plaque supérieure, et elles sont vissées dans la plaque en fer doux de manière que, entre les deux plaques, il existe un écartement de 4 millimètres environ.

Au moment où l'armature est appelée, on entend seulement le cliquetis provenant de l'application du fer doux sur les noyaux de l'électro-aimant, ce qui produit, au point de vue acoustique, un bruit sensiblement inférieur à celui que produirait le choc brutal de la masse de l'armature contre le fer de l'électro-aimant.

Les émissions du courant ont une durée de 1/15 de seconde environ et se reproduisent toutes les 70 à 75 secondes. L'électro-aimant présente une résistance de 8 à 10 ohms, et le fonctionnement du remontage est assuré pour une longue période de temps au moyen de trois éléments Leclanché, de 18 centimètres, réunis en tension.

A noter que le ressort à boudin atténue la violence des secousses qu'aurait à supporter sans cela la corde qui contient le poids moteur (130 grammes). Ce dernier est muni, à sa partie supérieure, d'une tige passée dans un guide fixé solidement à la boîte de l'horloge pour parer à l'éventualité d'une chute provenant de la rupture de la cordelette de suspension du poids.

Distributeur et récepteur de l'heure. — La figure 1 représente, sur la droite, un dispositif distributeur applicable à des récepteurs à minutes. Un disque portant une encoche à sa circonférence, est monté à frottement dur sur la tige de la roue d'échappement qui fait un tour par minute. Sur le contour de ce disque repose un rubis triangulaire, porté par un bras de levier coudé D A' qui a pour centre de rotation l'axe d'une roue C, dont l'une des barrettes prolongée est garnie d'une goutte en platine A', qui peut venir au contact d'un plot A de même métal fixé sur la platine du mouvement et isolé électriquement. Le pôle positif de la pile est relié directement au plot A, et le pôle négatif à la réceptrice et au levier D A' dont l'isolement électrique doit être assuré d'une manière parfaite.

La minute saute au récepteur lorsque le rubis tombe dans l'encoche du disque, parce qu'à ce moment la goutte A' touche le plot A, et le circuit est rompu dès que la roue d'échappement a fait remonter le rubis sur la partie lisse du disque à contact.

Pour satisfaire à l'une ou l'autre de ces dispositions, la pile Leclanché est très satisfaisante.

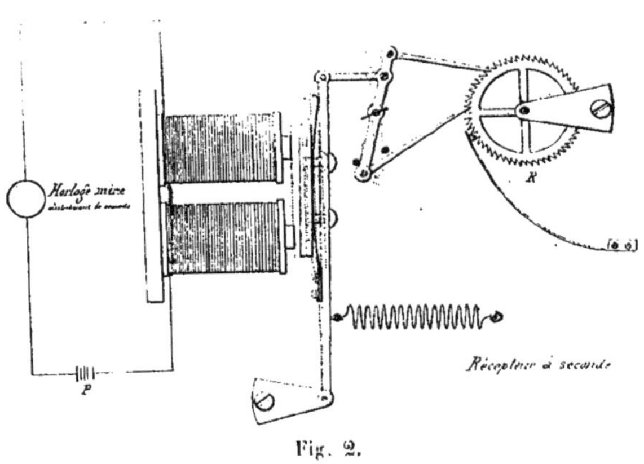

Fig. 2.

Lorsque l'horloge mère doit fournir la seconde au récepteur, M. Régis substitue au disque à encoches une étoile portant 30 dents et dont la rotation imprime au rubis et à son levier D A' un mouvement angulaire alternatif, d'où résulte le contact ou la séparation du plot A et de la goutte A'. Il y a contact ou fermeture du circuit électrique quand le rubis occupe un creux de l'étoile, et séparation, c'est-à-dire ouverture du circuit, lorsque ce même rubis est au sommet d'une dent.

Pour enregistrer ces deux actions mécaniques qui se reproduisent alternativement 30 fois par minute, le rochet du récepteur porte 60 dents, et il est actionné par un double cliquet d'impulsion utilisant le va-et-vient de l'armature de l'électro-aimant.

Ce dispositif est représenté dans la figure 2, dont le simple examen permet de comprendre le jeu des pièces.

Les mouvements de l'armature sont silencieux comme dans l'horloge distributrice, mais ici l'amortisseur du choc est un faible ressort intercalé entre le bras de l'armature et la plaque de fer doux.

L'emploi de ce récepteur à secondes nécessite le concours d'une pile à courant continu et M. Régis préconise l'usage de la pile Calland, formée par des éléments en nombre d'autant plus grand que l'éloignement des récepteurs à desservir est plus considérable. Il y a lieu également de tenir compte de la résistance des électro-aimants. A titre de simple indication, un électro de 150 à 200 ohms de résistance peut fonctionner à 10 kilomètres de la pendule distributrice avec une pile Calland de huit éléments réunis en tension.

PENDULE ÉLECTRO-MAGNÉTIQUE

ET RÉCEPTEUR ÉLECTRIQUE

Système C. CAIL (1).

L'horloge électrique, dont l'ensemble est représenté par la figure 1, était exposée dans la classe 32, matériel des chemins de fer (annexe de Vincennes); elle était destinée à l'une des salles d'attente de la gare centrale de Karkof (Russie) (2).

Les parties principales de cet instrument de mesure du temps sont :

1° Un pendule, suspendu par 4 lames, et sa lentille ;

2° Un électro-aimant tubulaire, dont la fonction est d'entretenir les oscillations du pendule ;

3° Un commutateur, pour assurer le passage du courant excitateur de l'électro-aimant ;

4° Un récepteur à mécanisme polarisé, menant la minuterie de l'horloge ;

5° Un commutateur spécial pour lancer des courants alternativement renversés dans ce compteur et dans tous ceux qui font partie du réseau à desservir.

Le pendule bat la seconde et sa lourde lentille est soutenue par un écrou de réglage. Le mouvement oscillatoire de cette pièce est transporté au-dessus de son centre de suspension par un ancre ordinaire renversé B (*fig.* 2 et 3) qui agit sur une roue A portant 30 chevilles pour produire un mouvement circulaire périodique toujours de même sens.

L'ancre dont il s'agit a la forme d'un ancre de Graham ordinaire ; mais il diffère de ce dernier par un dispositif qui permet aux palettes d'impulsion de prendre, autour d'une charnière située à l'extrémité de chaque

---

(1) M. Cail, membre fondateur de la Société internationale des électriciens, chef du service télégraphique du chemin de fer Koursk-Karkof-Sébastopol.

(2) Cette horloge n'a été soumise à l'examen d'aucun **Jury.**

bras, un petit mouvement angulaire qui facilite l'introduction des plans inclinés entre les chevilles et diminue le frottement des pièces en

Fig. 4. — Ensemble de l'horloge.

contact. On retire de cette disposition, d'après l'inventeur, la certitude d'un fonctionnement sûr et d'une régularité parfaite.

Sur la verticale du pendule est placé un électro-aimant tubulaire E (*fig.* 1 et 6) dont l'armature en fer occupe l'extrémité inférieure de la tige, au-dessous de l'écrou de réglage. Cet électro-aimant est chargé d'entretenir les oscillations du pendule et, à cet effet, il est excité

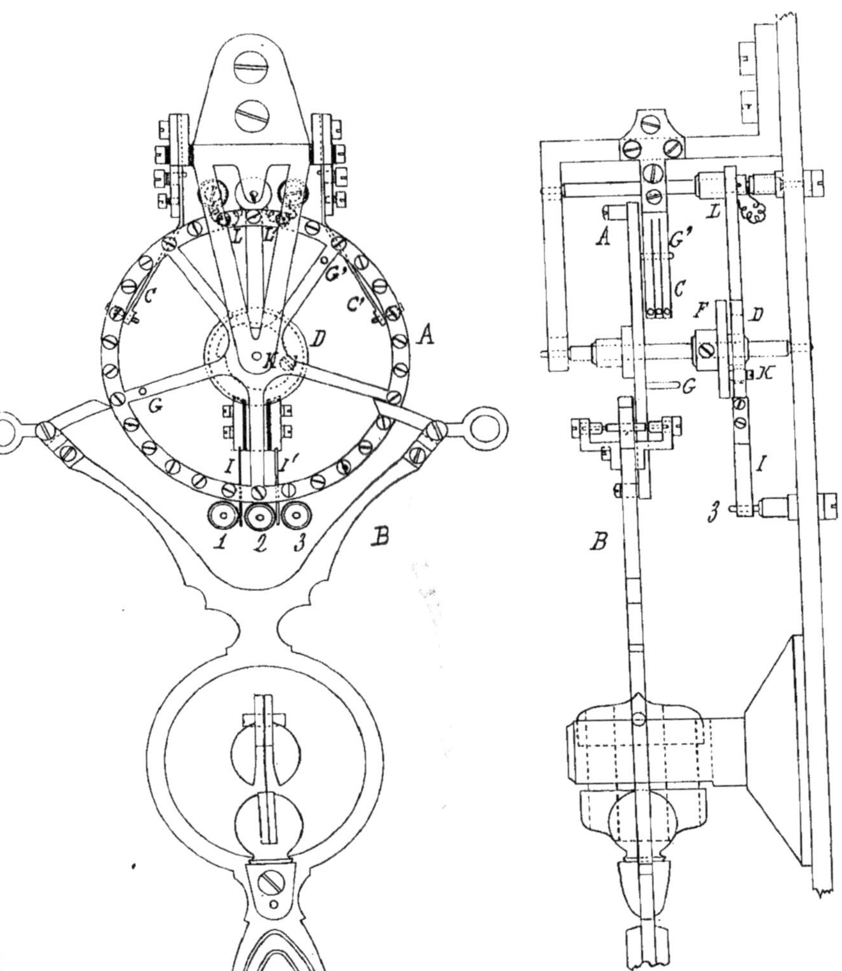

Fig. 2. — Roue d'échappement et ses accessoires. Vue de face (demi-grandeur d'exécution).

Fi.g 3. — Roue d'échappement et ses accessoires. — Vue de côté (demi-grandeur d'exécution).

toute les minutes, à l'instant où deux goupilles commutatrices G G'
(*fig.* 2 et 3), portées la roue A, ferment ensemble le circuit d'une
pile sur deux contacts à ressorts G C', disposés symétriquement de
chaque côté de la verticale passant par le centre du mobile. L'action

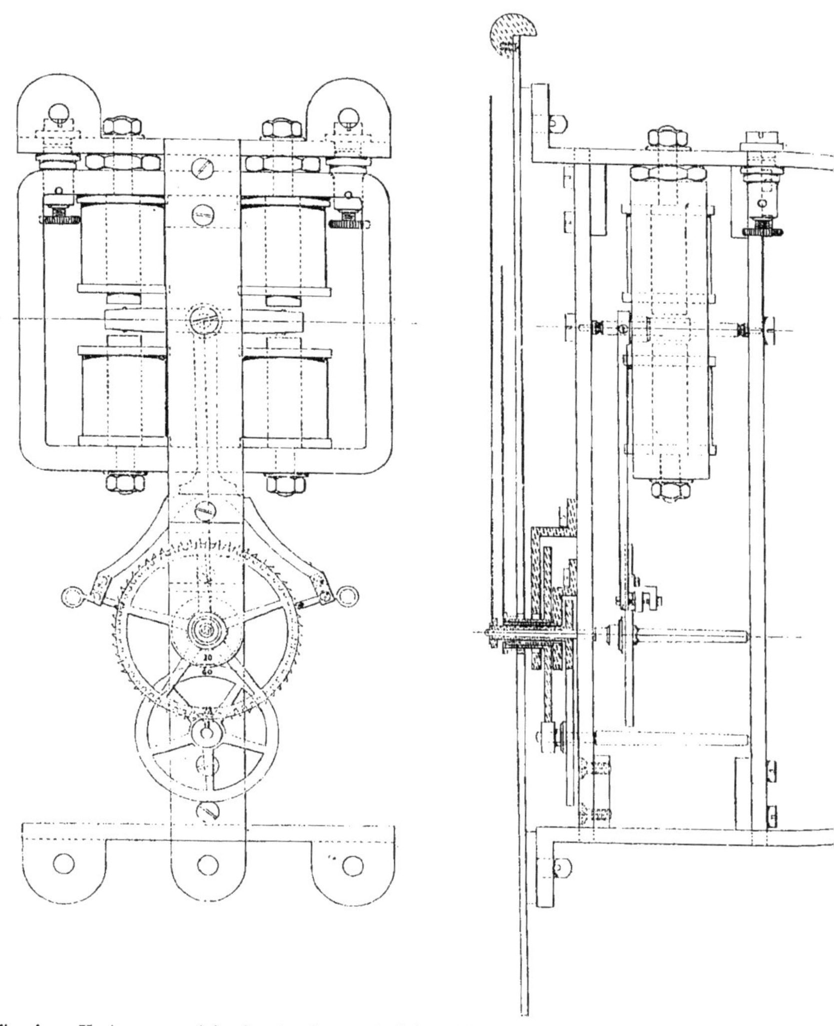

Fig. 4. — Horloge secondaire à mécanisme polarisé.
Vue de face (demi-grandeur d'exécution).

Fig. 5. — Horloge secondaire à mécanisme pola
Vue de côté (demi-grandeur d'exécution).

attractive développée par la bobine creuse de l'électro se produit lorsque le pendule est dans une position oblique et elle a toujours pris fin lorsqu'il passe par la verticale (1).

Le compteur électro-chronométrique de M. Cail se compose d'un cadre rectangulaire en acier aimanté formant un champ magnétique fermé. Ce cadre est garni intérieurement (*fig.* 4 et 5) de deux paires de bobines magnétisantes dont les noyaux sont vissés sur les faces horizontales de la pièce dans le prolongement l'un de l'autre. Ces quatre bobines forment deux électro-aimants dont les noyaux possèdent une même polarité, mais différente d'un électro à l'autre; autrement dit, si les pôles de l'électro supérieur sont positifs, ceux de l'électro inférieur sont négatifs avant le passage d'aucun courant dans les bobines.

Au centre du cadre, une armature en fer doux et un ancre à palettes mobiles et plans d'impulsion, montés sur un même axe, peuvent osciller, l'une entre les pôles des électro-aimants, l'autre entre les dents d'une roue d'échappement de 60 dents qui mène la minuterie suivante :

$$60—30\ldots\ldots \quad 1 \text{ tour à l'heure.}$$
$$60\text{--}13$$
$$78—\quad 1/2 \text{ tour à l'heure.}$$

Le commutateur spécial qui renverse le sens du courant lancé dans la ligne des compteurs est suspendu à deux lames de ressort verticales L L', fixées sur un arbre à pivots libres (*fig.* 2 et 3). C'est un anneau circulaire D au centre duquel passe librement l'arbre de la roue à chevilles et dont le profil intérieur est formé par une circonférence dont les deux moitiés se seraient déplacées sur le diamètre horizontal d'une égale quantité de part et d'autre du centre de figure de la pièce. A la partie inférieure de l'anneau sont fixées deux lames élastiques articulées I I' dont les extrémités aboutissent entre des plots de contact 1-2-3 sans les toucher.

Sur l'arbre de la roue d'échappement à chevilles est monté un disque F avec doigt K pénétrant dans l'intérieur de l'anneau commu-

---

(1) Lorsqu'un électro-aimant est dépourvu de son noyau de fer, la bobine seule, excitée par un courant électrique, attire quand même des particules de fer.

Une bobine tubulaire peut agir par attraction sur un plongeur en fer mobile à l'intérieur et cette disposition, qui jouit de la propriété d'avoir un champ d'action très étendu, est parfois appliquée au remontage de poids, moteurs d'appareils d'horlogerie. Dans ce cas le remontoir est à 2 bobines et pour que les 2 plongeurs suspendus à une corde passant sur un tambour, produisent sur le rouage un mouvement de sens déterminé, ces plongeurs sont disposés de façon à pénétrer, l'un par le haut, l'autre par le bas dans leur bobine respective.

tateur. Le rayon d'action de ce doigt est tel qu'au cours d'une rotation entière il produit, en agissant sur les demi-circonférences excentrées du commutateur, un double déplacement latéral de cette pièce. Si donc

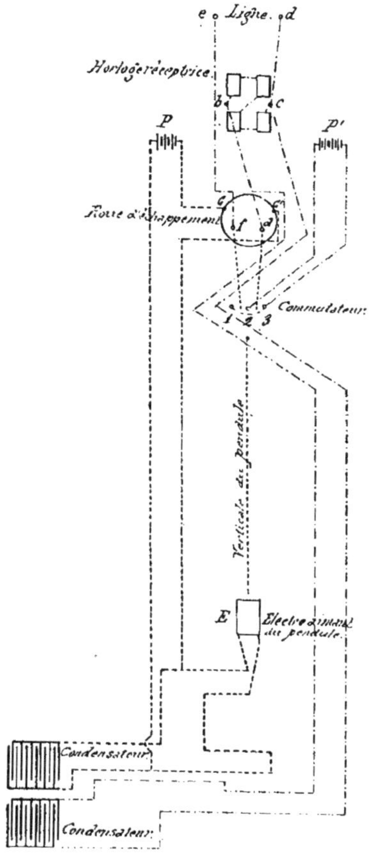

Fig. 6. — Plan des connexions.

celle-ci est portée à gauche, les lames commutatrices inférieures viennent au contact des plots 1-2; dans le cas contraire, ce contact a lieu avec les plots 2-3.

Il reste à indiquer comment les diverses parties de ce mécanisme sont mises en mouvement par l'intervention du courant électrique. En examinant le schéma des connexions (*fig.* 6), on voit en premier lieu qu'une pile P dessert le circuit spécial dans lequel est intercalé l'électro-aimant E et qu'une autre pile fournit l'énergie destinée au fonctionnement des compteurs. Les deux circuits sont indépendants l'un de l'autre.

Le circuit de l'électro-aimant ne présente rien de particulier; il est fermé toutes les minutes par la roue à chevilles qui est isolée électriquement de la masse de l'horloge. Un condensateur est monté en dérivation sur le circuit pour détruire l'étincelle d'extra-courant de rupture.

Le circuit de la ligne des compteurs est le suivant, en partant du pôle positif de la pile, lorsque les lames commutatrices sont au contact des plots 1-2; [+-2-*a*-*b*-*c*-*d*-*e*-*f*-1-2—]. Lorsque le courant lancé par la pile produit un pôle positif dans la bobine de gauche de l'électro-aimant supérieur, le pôle de la bobine de droite est négatif et la polarité initiale, que nous avons supposé positive, est renforcée sur le noyau de gauche et affaiblie sur le noyau de droite. Des effets inverses se produisant en même temps dans l'électro inférieur, il résulte de cet ensemble de phénomènes que l'armature est appelée énergiquement de bas en haut du côté gauche du cadre et de haut en bas du côté droit.

L'ancre, qui est solidaire de l'armature, porte donc le rouleau de la palette droite sur la roue d'échappement qui avance d'une demi-dent.

Après un demi-tour de la roue à chevilles, c'est-à-dire après 30 secondes écoulées, les lames commutatrices se trouvent contre les plots 2-3 et la direction prise par le courant est la suivante : [+-2-*f*-*e*-*d*-*c*-*b*-*a*-3—], Le fluide électrique, parcourant les bobines en sens contraire de la précédente émission, produit des effets mécaniques inverses qui font avancer la roue d'échappement d'une demi-dent. Au bout d'une heure, ce mobile a exécuté un tour entier ainsi que la grande aiguille du cadran.

Un condensateur est monté en dérivation sur le circuit pour absorber l'étincelle d'extra-courant de rupture.

Le cadran du compteur électro-chronométrique de la ligne installée à l'annexe de Vincennes, avait deux mètres de diamètre; la table de ce cadran était constituée par des résidus de liège comprimé qui faisaient de cette pièce un plateau très léger malgré ses grandes dimensions.

RÉCEPTEUR ÉLECTRO-CHRONOMÉTRIQUE

ET DISTRIBUTEUR DE L'HEURE

Système STOCKALL (1).

Le récepteur électro-chronométrique exposé par M. J.-J. Stockall dans la section anglaise, est l'application à l'horlogerie d'un système de transmission et d'arrêt qui peut être appliqué d'une manière générale à tous les mécanismes dans lesquels on produit des mouvements intermittents de même sens et d'égale amplitude.

Dans un premier dispositif représenté *fig.* 1 on voit un bras G pouvant pivoter dans un plan vertical autour d'un axe *h* fixé au bas de la platine du compteur. A la partie inférieure de ce bras est fixée une armature en fer doux qu'un contrepoids *p* tient naturellement éloignée des pôles de l'électro-aimant E.

La roue R à mettre en mouvement est située dans un plan voisin du bras G et l'extrémité supérieure de ce dernier s'engage librement dans une encoche I, ménagée sur la face d'une pièce transversale BC composée de deux palettes articulées en *d*, près de l'encoche I, derrière le bras G.

Les palettes B et C sont supportées dans la position horizontale par des goupilles *e ef* et par un galet très mobile K. Lorsque les pièces sont au repos, une goupille *x*, fixée près de l'extrémité de la palette B, se trouve entre les dents de la roue R, tandis qu'une autre goupille *y*, fixée sur la palette C, occupe une position diamétralement opposée en dehors du même mobile. Derrière le galet K, la palette C présente une saillie inférieure en plan incliné.

---

(1) Médaille d'Argent.

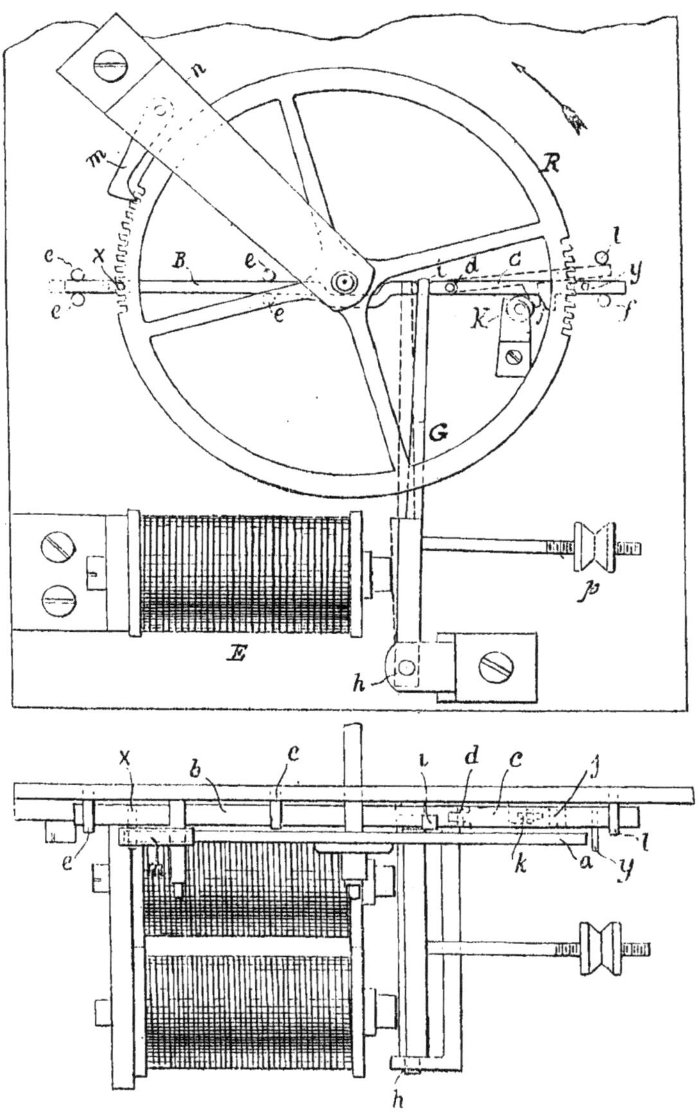

Fig. 4.

Lorsque le courant de la pile excite l'électro-aimant, le bras G se porte vers les pôles, entraînant avec lui les palettes B et C. Au cours de ce déplacement transversal, la goupille y pénètre d'abord entre deux dents de la roue R avant que la goupille x ait dégagé les siennes, puis la rencontre du plan incliné avec le galet élève la palette C, qui prend un petit mouvement angulaire autour de l'articulation d, déterminant ainsi, la rotation de la roue R. Le chemin angulaire à parcourir est limité par une goupille d'arrêt visible sur la figure.

Dès que le courant ne passe plus, les pièces reviennent automatiquement à leur position primitive et la goupille x, en s'introduisant dans un vide des dents, assure, avec le cliquet M, l'immobilité complète de la roue.

Il va sans dire que la roue R mène une minuterie et qu'un commutateur, disposé sur une horloge directrice, fournit régulièrement le contact de fermeture du circuit au cours duquel le courant électrique provoque le jeu des organes mécaniques.

Les figures 2 et 3 montrent d'autres dispositifs dont le fonctionnement peut être compris à la simple inspection du dessin.

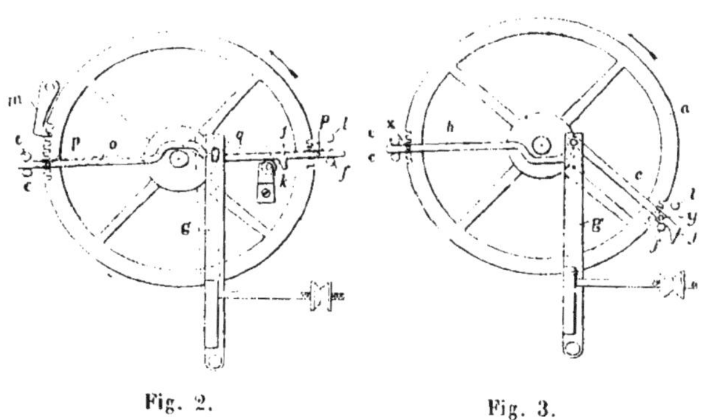

Fig. 2.   Fig. 3.

La figure 4 représente schématiquement le compteur exposé par M. Stockall. Dans cette pièce, où le galet et le plan incliné sont supprimés, la roue dentée est entraînée par un cliquet d'impulsion M, monté à l'extrémité d'un bras V pouvant osciller librement autour de l'axe de la roue R. Au sommet du bras V, retourné en équerre, se trouvent deux goupilles entre lesquelles passe, avec un peu de jeu, le bras G suffisamment prolongé.

Lorsque l'armature est attirée, la goupille x se dégage d'abord, puis la goupille y s'engage, après quoi le bras G donne l'impulsion au cliquet et la roue avance comme dans les autres dispositifs.

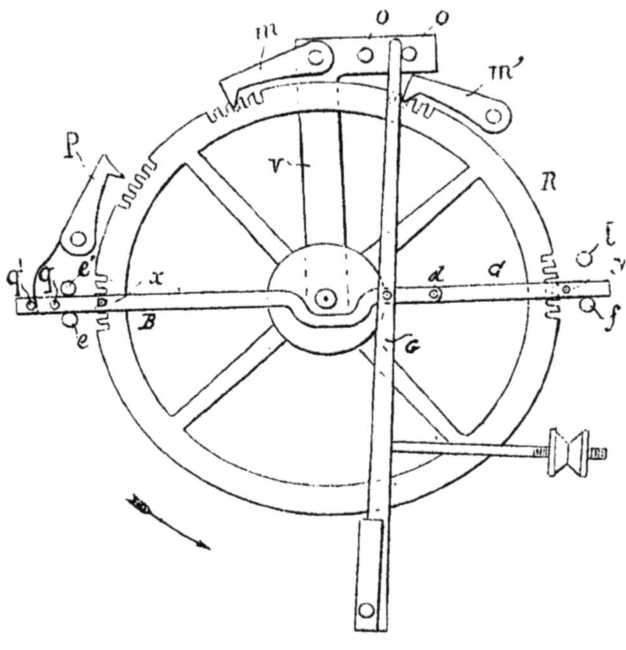

Fig. 4.

Pour assurer d'une façon complète la stabilité de la roue R après l'impulsion, on peut ajouter un cliquet P porteur d'une queue à ressort sur laquelle peuvent agir deux goupilles placées aux extrémités de la palette B. Lorsque le mouvement de translation à gauche s'achève, le cliquet se trouve lancé dans les dents de la roue par la goupille la plus rapprochée du centre ; au retour, l'autre goupille fait relever le cliquet.

Le commutateur de l'horloge distributrice (*fig.* 5) est porté par l'axe d'un mobile qui exécute un tour par minute. Il est constitué par deux doigts en agathe disposé sur un même diamètre et pouvant soulever toutes les trente secondes un sautoir pivoté sur la platine du mouvement ; cette pièce isolée électriquement et terminée par une goutte en

platine rencontre un levier supérieur également isolé, portant comme
le précédent une goutte en platine fixée au droit de la première.

C'est pendant la durée du contact des 2 gouttes métalliques que le
courant de la pile agit sur le ou les électro-aimants des horloges
secondaires et son action cesse dès que le levier inférieur n'est plus
soutenu par le doigt d'agathe. Les leviers tombent l'un et l'autre sur
une vis d'arrêt réglable et ils restent séparés jusqu'à ce qu'une demi-
minute nouvelle soit écoulée.

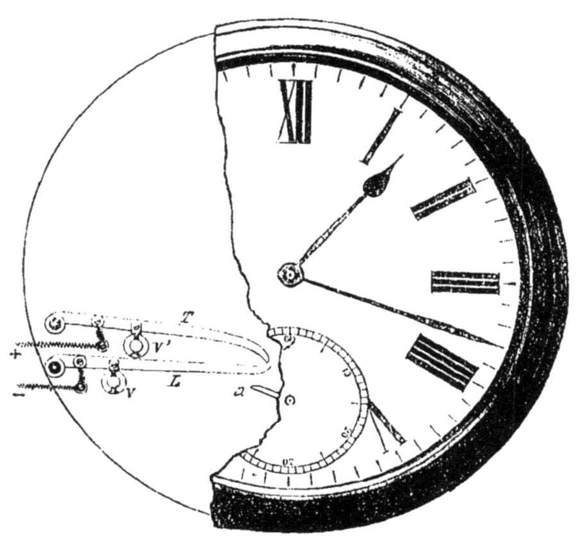

Fig. 2.

L'un des leviers est relié au pôle positif de la pile et l'autre communique avec le pôle négatif. Les horloges secondaires sont insérées
dans le circuit, en tension ou en quantité.

HORLOGE DISTRIBUTRICE DE L'HEURE

ET RÉCEPTEUR ÉLECTRO-CHRONOMÉTRIQUE

Système **KULISKA ANTAL** (1).

M. Kuliska Antal, de Budapest, exposait dans la section autrichienne une horloge distributrice et une minuterie réceptrice dont voici la description.

L'horloge mère renferme deux corps de rouages, l'un a pour fonction de faire marquer l'heure par les aiguilles de sa propre minuterie et d'entretenir, comme à l'ordinaire, les oscillations de son régulateur, qui est un pendule à seconde. L'autre rouage est exclusivement affecté à la distribution du courant dans le ou les circuits parcourus par le fluide électrique ; il est indépendant du premier et fonctionne périodiquement en raison du jeu de détentes actionnées par un des mobiles du premier rouage.

Sur un des axes du second rouage est calé un secteur en cuivre F (*fig.* 1), qui peut se mouvoir entre deux blocs A et B fixés à des lames élastiques disposées verticalement. Ces lames se présentent de champ par rapport à la platine et elles sont retenues près celle-ci par un mode d'attache qui les isole électriquement de la masse de l'horloge.

Entre les blocs est intercalée la barre transversale d'un T renversé, isolé électriquement de la platine comme les ressorts.

Le rayon et l'ouverture angulaire du secteur sont tels que, quand le plan de symétrie de la pièce est vertical, les cornes aiguës repoussent les blocs et les éloignent du T. Dans toutes les autres positions qu'il peut prendre en tournant, le secteur ne peut avoir de contact qu'avec un seul bloc à la fois.

---

(1) Médaille d'Argent.

Ajoutons que les lignes suivant lesquelles a lieu le contact des cornes du secteur avec les blocs, sont garnies d'ébonite incrusté dans la masse de ces derniers. L'axe du secteur porte deux touches flexibles LL dans le prolongement l'une de l'autre, qui peuvent glisser sur des plots de contact en platine correspondant au nombre de circuits à desservir.

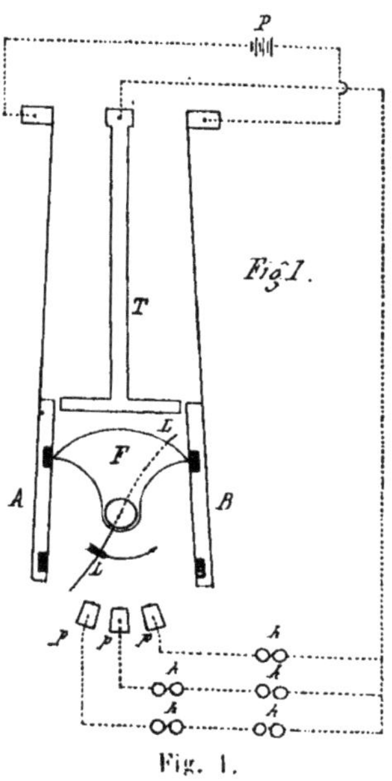

Fig. 1.

La minuterie des horloges réceptrices est menée par un mécanisme polarisé (*fig.* 2), dont l'armature est un aimant permanent tournant entre les noyaux échancrés d'un électro-aimant.

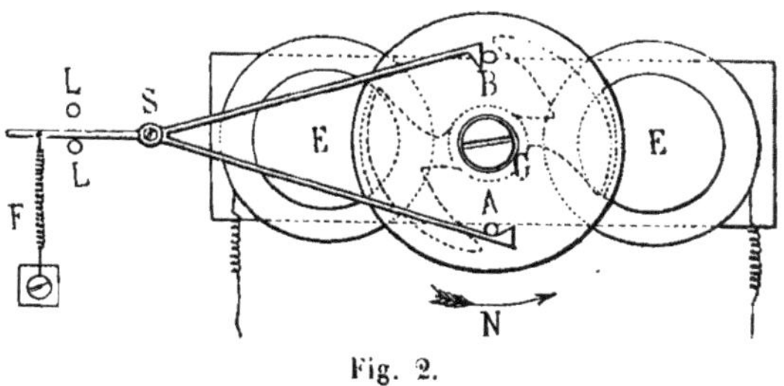

Fig. 2.

A l'armature est fixé un plateau léger portant deux chevilles A, B également distantes du centre de rotation et sur un diamètre perpendiculaire à la ligne des pôles de l'armature.

Au repos, c'est-à-dire lorsque le courant ne circule pas dans les bobines, l'armature se place d'elle-même, sous l'influence de sa polarité, dans la direction des noyaux de l'électro-aimant et dans une position indifférente, puisque ces noyaux sont neutres. Mais, au moment où le courant électrique est lancé, il se forme sur les noyaux deux pôles de noms contraires qui agissent par répulsion sur l'armature, si le sens du parcours est tel que les pôles de même nom se trouvent en regard.

Le plateau tourne d'une demi-circonférence autour de son axe et c'est ce mouvement qui est transmis à la minuterie de l'horloge secondaire par un doigt agissant sur une roue dentée.

Pour assurer la stabilité du plateau dans la position de repos, un cliquet à ressort empêche l'armature de revenir en arrière. D'autre part un levier en forme d'ancre, pivotant sur la platine de l'horloge en S, arrête une des chevilles par le plat d'un talon intérieur fixé à l'extrémité d'une de ses branches; l'autre branche, un peu plus longue, est également terminée par un talon intérieur, qui présente son incliné sur la trajectoire de la deuxième goupille. Un ressort de rappel ramène la queue de l'ancre contre une goupille L, après chaque oscillation. Lorsqu'il y a émission du courant, le second talon est repoussé par la cheville voisine qui va prendre en tournant contre le plat du premier, la place de l'autre cheville.

Voici maintenant comment l'interrupteur de l'horloge mère remplit l'office de renverseur de courant.

L'axe du secteur porte à l'intérieur de la cage une came à deux coches diamétralement opposées et le mécanisme de déclanchement s'oppose à ce que cette came exécute plus d'un demi-tour chaque fois que le rouage additionnel est mis en liberté, ce qui a lieu toutes les minutes.

Supposons un déclanchement laissant le secteur gagner la position inférieure. Il est entraîné à gauche, écarte le bloc de gauche et glisse sur la partie métallique de cette dernière pièce. Le bloc de droite se colle contre le T et, pendant le mouvement, la touche flexible passe successivement sur les plots de contacts des divers circuits à desservir et ferme le courant de la pile sur les électro-aimants des horloges secondaires correspondantes.

Le courant entre dans le bloc de gauche, puis dans le premier plot, passe dans les électro-aimants où il détermine un pôle sud et un pôle nord, puis il revient à la pile par le T et le bloc de gauche. Si donc les armatures présentaient une orientation convenable, les plateaux ont été instantanément déplacés d'un demi-tour, en vertu de ce principe que les pôles de même nom se repoussent et que les pôles de noms contraires s'attirent.

Le secteur ayant aussi accompli un demi-tour occupe la position verticale inférieure, pour laquelle il n'y a pas d'émission de courant. Au bout d'une minute, il la quitte pour gagner la position supérieure et, pendant son déplacement, des actions mécaniques et électriques se produisent dans le même ordre que les précédentes ; seulement, comme le courant de la pile entre par le bloc de droite et sort par le bloc de gauche, les bobines sont traversées par un courant de sens opposé au premier, qui renverse la polarité des électro-aimants.

Ce phénomène provoque une nouvelle rotation des armatures, de sorte qu'après deux émissions successives de courant, le secteur et les goupilles ont accompli un tour entier.

L'horloge mère, qui était à l'Exposition, était disposée pour desservir trois circuits d'horloges secondaires.

HORLOGE A REMONTOIR ÉLECTRIQUE

Système de la SEMPIRE CLOCK Cº

Dans ce système, l'énergie électrique dépensée est utilisée à remonter le poids moteur de l'horloge. Le système de remontage appliqué par la Sempire Clock Cº ayant, au moins dans certaines parties, du rapport avec le système Favereau, breveté en France, nous allons d'abord décrire ce dernier pour que le lecteur juge lui-même en connaissance de cause, ce qui différencie les deux modes de remontage.

Dans la pendule Favereau, dont nous donnons ci-contre (*fig.* 1) un dessin, le poids moteur est porté par le grand bras d'un levier coudé dont l'axe tourne librement entre les deux platines du mouvement. Ce poids agit par l'intermédiaire d'un cliquet à ressort dont le bec s'engage dans les dents d'un rochet faisant corps avec la première roue du rouage. La pression exercée sur le rochet par la masse du poids détermine la rotation des mobiles et entretient comme à l'ordinaire les oscillations du pendule.

Le petit bras du levier coudé, placé au-dessous du bras moteur, porte à son extrémité une touche en forme de molette très mobile qui rencontre, lorsque le poids doit être remonté, la partie convexe d'une came tournant sur pivots libres dans le bas de la cage du mouvement ; sur l'axe de cette came est fixé un rochet de grand diamètre à fine denture.

La partie électrique du système se compose d'un électro-aimant horizontal, avec armature vibrante disposée comme dans les sonneries trembleuses des appartements. Un cliquet, visible sur la figure, surmonte l'armature et s'engage entre les dents du grand rochet ; sous l'action d'un ressort antagoniste, le cliquet pivote sur un axe isolé par un corps non conducteur du courant.

L'électro-aimant et ses accessoires sont fixés sur une plaque métallique rattachée par un bras à la platine. L'assemblage des deux pièces est isolé électriquement.

Fig. 1.

La partie du circuit comprise dans le système trembleur est disposée comme dans les sonneries ordinaires et la pile y est rattachée par un pôle, à l'aide d'un fil conducteur. L'autre pôle communique avec la masse de la pendule et un dernier fil relie la came à l'électro-aimant. Dans ces conditions, il y a une solution de continuité dans le circuit extérieur, qui se trouve comblée à l'instant où la molette rencontre la came. A ce moment, le courant traverse l'électro-aimant, l'armature est attirée et détermine, par ses oscillations rapides, un mouvement du rochet dans le sens propre au remontage du poids moteur.

Dès que celui-ci a atteint sa position culminante, la came achève d'elle-même, sous l'action d'un contrepoids disposé sur un des rayons du rochet, le tour que l'énergie électrique lui a fait commencer, et les pièces se trouvent de nouveau prêtes à fonctionner.

Voici le diagramme du mouvement de la pendule Favereau que nous avons sous les yeux :

Rochet moteur (160) — 90   40   aiguille des minutes.
          8 — 80   40 — 8
          7 — (30)   96 aiguille des heures.

Dans le système de la Sempire Clock C°, le poids moteur agit sur le rouage comme dans le système précédent, avec cette différence que l'arbre moteur ne se confond plus avec celui de la roue des minutes et qu'il agit par renvoi. A cet arbre moteur est fixée une armature angulaire dont la rotation a lieu près d'un électro-aimant dont les noyaux sont échancrés.

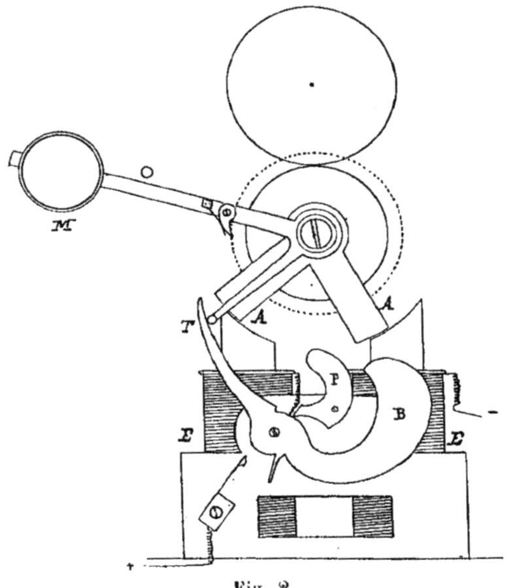

Fig. 2.

D'autre part, la touche inférieure ne ferme pas elle-même le circuit électrique ; elle a pour fonction d'amener un basculateur B dans la position qu'il occupe sur la figure 2, lorsque le poids est remonté et de dégager ce même basculateur au moment où le poids est au bas de sa course angulaire.

Ce dernier effet mécanique s'obtient par l'intermédiaire d'une bascule P ou cliquet à pivot libre dont un bras repose sur le basculateur et sert de butoir à cette pièce. L'autre bras du cliquet peut être rencontré par la touche T vers la fin de la course du poids moteur et déplacé autour de son axe dans le sens propre à dégager le basculateur.

Au-dessous de son axe de rotation, le basculateur porte un doigt qui peut venir au contact d'une lame de ressort dont le talon, isolé électriquement, est relié à l'un des pôles de la pile ; le basculateur et l'électro-aimant se trouvent dans la seconde partie du circuit qui communique avec l'autre pôle du générateur.

Lorsque le poids descend, l'électro-aimant est inactif, mais il arrive un instant où la touche soulève le cliquet et le renverse en arrière ; le basculateur trébuche, entraîné par son propre poids, et un contact s'établit entre cette pièce et le ressort à la suite duquel le circuit électrique se trouve fermé. Cette fermeture rend l'électro-aimant actif et la puissance magnétique qu'il développe ramène énergiquement l'armature vers les noyaux, qui sont même dépassés. Le poids est remonté. En même temps, la touche relève le basculateur et celui-ci, à la faveur de sa forme spéciale, redresse du même coup son cliquet.

PENDULE A REMONTOIR ÉLECTRIQUE

De l'Automatic Electric Clock Company (1)

L'horloge de l'*Automatic Electric Clock Company* de Chicago se remonte électriquement, mais, au lieu que la gravité agisse sur un poids unique, son action s'exerce sur deux poids dont les leviers, indépendants l'un de l'autre, entraînent les mobiles du rouage. Pendant la marche de l'horloge, les poids agissent simultanément sur le premier mobile, mais les directions des leviers formant entre elles un certain angle, le premier levier arrive à fin de course avant le second et il résulte de cet arrangement que, pendant l'opération du remontage et contrairement à ce qui a lieu dans les autres systèmes, la force motrice n'est pas entièrement suspendue, puisque l'un des poids descend pendant que l'autre remonte à son point de départ.

Voici la description de l'intéressant mécanisme à l'aide duquel on obtient ce résultat.

L'ensemble des mobiles est enfermé dans une cage constituée par deux montants métalliques parallèles N N', et le rouage est le même que celui d'une horloge ordinaire à partir de la roue du centre (*fig.* 1 et 2).

Sur l'arbre de cette dernière roue et entre les montants N N' sont enfilés, à frottement libre, deux canons cylindriques munis chacun d'un disque B B', avec leviers portant des poids P P'. Chaque disque est légèrement échancré sur une partie de sa circonférence et, sous l'échancrure, est ménagée une rainure circulaire ou coulisse à jour (*fig. a, b*).

Deux rochets D D' (*fig.* 1, 2, *a, b*), de même diamètre que les disques, sont disposés contre ces derniers et fixés d'une façon invariable sur l'arbre A A' pour servir de point d'appui à un cliquet d'impulsion porté par les leviers des poids P P'. Ce dispositif constitue le mécanisme d'entraînement du rouage.

(1) Médaille d'Or.

Au-dessous de l'arbre A A' est fixé un électro-aimant E E' à deux bobines, dont l'armature plate en fer doux pivote dans des trous OO' ménagés près du bord vertical des montants N N' du côté des poids

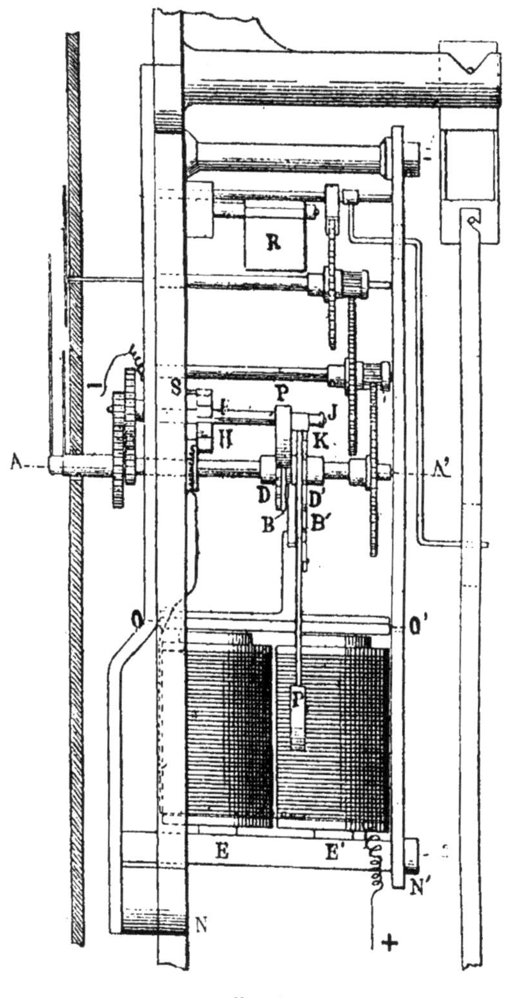

Fig. 4.

moteurs. A l'opposé de l'axe de rotation, un bras, ajouté à l'armature, forme, avec le plan de celle-ci, un angle obtus dont l'ouverture est

tournée vers l'axe A A'; un autre bras, fixé à l'extrémité du précédent,
vient aboutir entre les disques et une goupille ou curseur F, qui le traverse, s'engage dans les deux coulisses (*fig. a, b, c*).

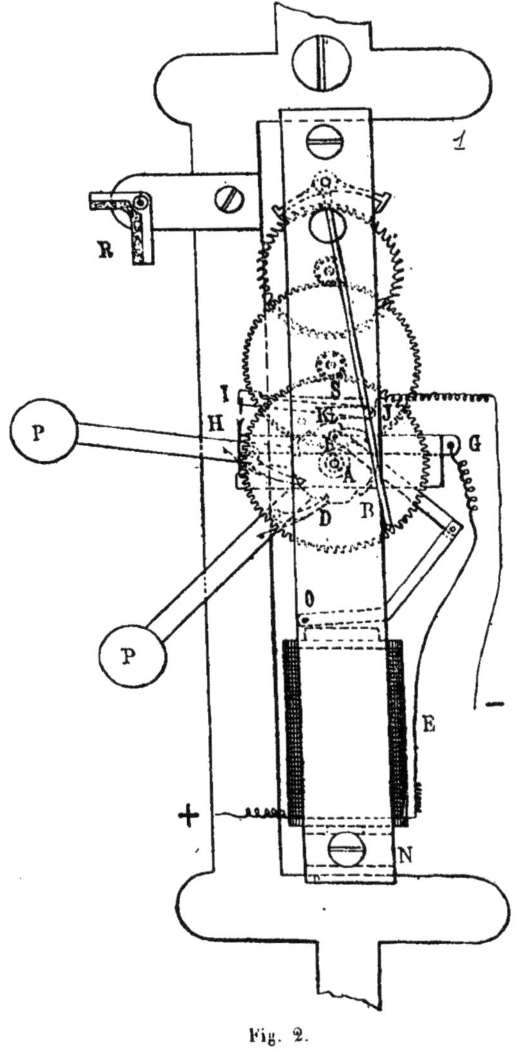

Fig. 2.

Une bobine de l'électro-aimant est reliée directement au pôle positif de
la pile; l'autre bobine communique par son fil avec le talon G d'une

pièce métallique G H (*fig. 2*) appliquée contre un morceau d'ébonite fixé à la paroi intérieure du montant N. La pièce G H, ainsi isolée électriquement de la masse du mouvement, est terminée par deux petites lamelles H de contact disposées en forme de V. Au-dessus de ce V, est une autre lamelle I appartenant à un levier angulaire I J K, dont la rotation a lieu autour d'un pivot saillant fixé au montant N. Le bras J K repose sur les disques qu'il déborde un peu et son extrémité K, terminée en biseau, glisse sur leur contour pendant la descente des poids moteurs. Le levier I J K est relié au pôle négatif de la pile.

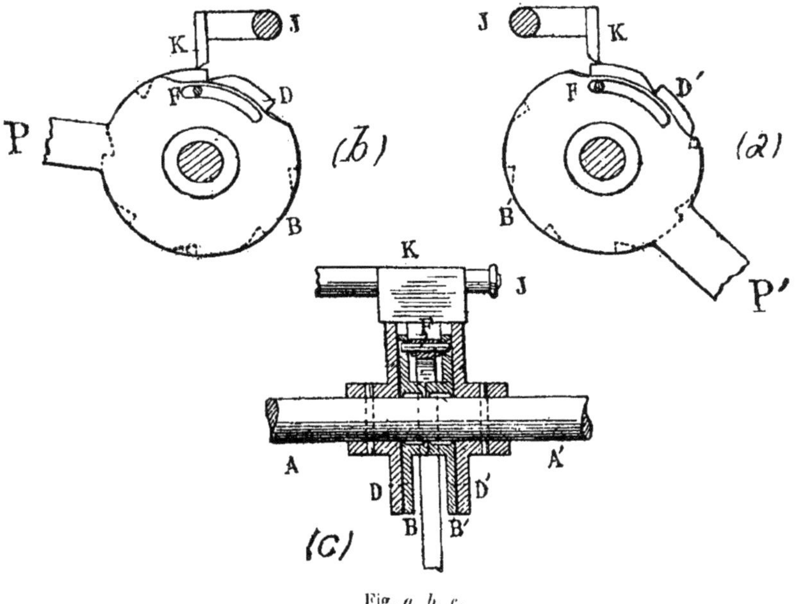

Fig. *a, b, c.*

Le fonctionnement du dispositif électro-magnétique a lieu comme il suit : les leviers des poids P P', dont les cliquets sont arc-boutés dans les rochets D D', produisent ensemble, sous un angle de 45°, la rotation du premier mobile dont la vitesse, réglée par le pendule et l'échappement, est de un tour à l'heure.

Lorsque l'un des poids P, par exemple, arrive en fin de course, le curseur F se trouve dans le plan vertical passant par A A' et il est logé au fond des coulisses qui occupent, par rapport à ce plan, des positions symétriques (*fig. a, b*). D'autre part, l'arête bisautée du bras J K repose près du bord de deux dents correspondantes des rochets.

A cette disposition des pièces du mécanisme supérieur correspond l'écart angulaire maximum que peut subir l'armature tournant autour de son axe, par rapport aux pôles de l'électro-aimant.

Dès que levier J K passe au fond des dents des rochets, le bras I J s'incline, obéissant à la pesanteur et à la pression du ressort S et ferme, avec sa touche I, le circuit de la pile sur le contact H (*fig.* 1 et 2). L'électro attire son armature et ramène instantanément en arrière, au moyen de la goupille F, le disque B et son poids qui parcourent ainsi un arc de 45°.

Mais, sous l'action de la puissance électro-magnétique développée instantanément, le disque avec son levier à poids, dépasse, en vertu de la vitesse acquise, le point où il a été amené par la cheville, et son parcours total utile est, en définitive, de deux fois 45°, soit un quart de cercle, sans que le mouvement de descente du second poids moteur ait été troublé. Pour éviter que le cliquet s'écarte trop de la dent qu'il doit pousser, un butoir Z est disposé à la partie supérieure du bâti. Dès que le cliquet est arc-bouté dans le fond de la dent, le poids C ajoute son action à celle du poids C′, en sorte que l'horloge ne marche avec un seul poids que pendant le temps, très court d'ailleurs, que dure le remontage.

L'interrupteur du courant électrique est le disque lui-même, dont la rotation éloigne l'échancrure du levier I J K et relève automatiquement cette pièce à la hauteur du contour circulaire.

Lorsque le levier du poids P′ arrive à son tour au bout du chemin angulaire qui lui reste à parcourir, le curseur occupe de nouveau la position culminante, mais l'ordre symétrique des coulisses est renversé. Les effets électriques et mécaniques ont lieu dans le même ordre que précédemment et le second poids se trouve remonté.

L'intervention du courant se produit huit fois par heure et pendant un temps dont la durée est inappréciable; la pendule ne peut donc pas prendre de retard provenant du remontage, puisque la force motrice ne cesse pas d'agir sur le rouage.

Les pendules de l'*Automatic Electric Clock Company* étaient exposées dans la section américaine de l'exposition de l'esplanade des Invalides.

HORLOGE A REMONTOIR ÉLECTRIQUE
Système KULISCKA ANTAL.

M. Kuliscka Antal exposait, dans la section autrichienne, une horloge à poids moteur tournant, qui diffère des systèmes déjà décrits par le mode de fermeture du circuit électrique.

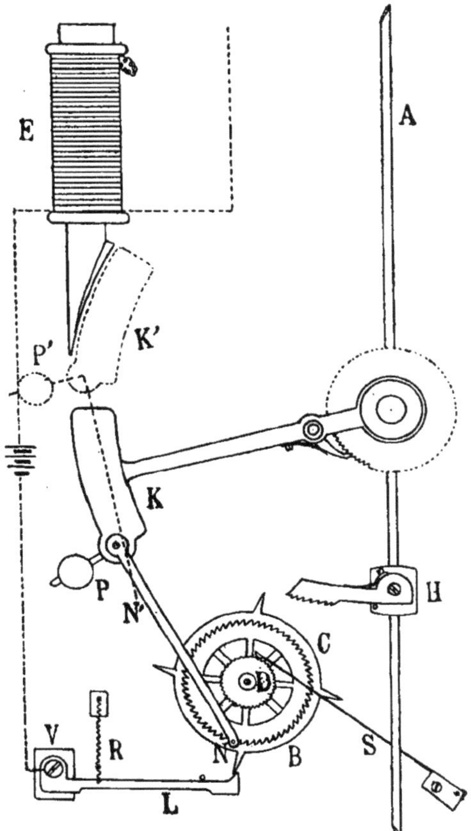

La masse motrice K est en fer doux et constitue l'armature de l'électro-aimant remonteur E, à double bobine ; cette masse est reliée par un bras à l'axe autour duquel elle peut se mouvoir, et elle communique par un encliquetage l'énergie quelle tient de la pesanteur à un rochet fixé sur l'arbre du premier mobile du rouage.

Le poids K est traversé librement, à sa partie inférieure, par l'axe d'un levier coudé à bras inégaux. Le bras le plus court est muni d'un contrepoids P destiné à équilibrer l'autre bras de manière à lui donner l'inclinaison qui convient pour que la goupille N qui le termine, vienne naturellement s'engager dans la denture d'un rochet B pendant la descente du poids K.

Sur l'axe du mobile B est fixée l'étoile D sur le contour de laquelle repose un sautoir à ressort S et une autre étoile C à quatre pointes placée dans le voisinage du plan d'oscillation du pendule. Le sautoir assure la stabilité de l'arbre D qui tourne sur pivots libres.

La tige du pendule supporte un bloc H servant d'appui à un levier terminé par des dents en crémaillère qui peuvent rencontrer les pointes de l'étoile C et imprimer à ce mobile un déplacement angulaire.

Le mécanisme est complété par un levier L pivotant autour d'un axe V et se terminant par un plan incliné dont le sommet pénètre à l'intérieur de la circonférence décrite par les pointes de l'étoile C ; il est maintenu dans cette position par un ressort R et une goupille d'arrêt.

Le circuit électrique va du pôle positif de la pile à l'électro, et de ce dernier, à la masse de l'horloge. Le pôle négatif est relié au talon du levier L qui est isolé électriquement de la platine.

Lorsque le poids est remonté il occupe, avec son levier coudé, les positions K′ P′ N′, et, au cours de sa descente, la goupille N vient s'engager dans l'une des dents du rochet B qui subit alors, avec l'étoile C, un même déplacement angulaire sous l'influence de la pression transmise à l'arbre commun par le poids moteur.

Une pointe du mobile C monte vers la crémaillère tandis que la pointe diamétralement opposée s'abaisse vers le plan incliné du levier L, et c'est précisément à l'instant où les deux pièces vont arriver au contact que la crémaillère du pendule imprime à la dent supérieure une impulsion qui fait franchir le levier L à l'étoile C et la fait avancer d'un quart de tour environ.

Pendant le court instant où le contact a eu lieu entre l'étoile et le levier, le circuit électrique a été fermé et le poids moteur attiré et remonté comme dans les systèmes précédents.

RÉCEPTEUR ÉLECTRO-CHRONOMÉTRIQUE

Système J. BLONDEAU (1)

Le récepteur électro-chronométrique à minute que M. J. Blondeau, constructeur électricien, exposait dans la classe 23, se compose d'un petit nombre de pièces dont le fonctionnement très simple est en même temps des plus ingénieux.

Une minuterie ordinaire placée d'un côté de la platine G est actionnée par un pignon de renvoi dont l'axe porte de l'autre côté de cette même platine une roue armature A et la roue *f* taillée en étoile. L'axe commun de ces deux mobiles traverse une barette dont les extrémités sont appliquées par des vis sur des piliers représentés sous forme de deux circonférences I et J. La barette a été supprimée pour rendre le dessin plus clair.

La roue armature est un disque en fer doux, découpé suivant des lignes radiales qui laissent entre elles des pleins et des vides de même largeur. Cette denture relevée perpendiculairement au plan du disque, à peu de distance de son bord, forme une couronne de palettes identiques qui viennent l'une après l'autre se présenter au droit des pièces polaires prismatiques qui terminent les noyaux magnétiques de l'électro-aimant E fixé derrière la roue armature.

Sur un axe D qui pivote librement entre la platine et la barette sont rapportés deux bras dont l'un D F en laiton est terminé par un sautoir triangulaire en acier *d* qui repose entre deux dents de l'étoile. L'autre bras D C est en fer doux ; il passe derrière la roue A, contourne l'axe de ce mobile et aboutit près de la circonférence des palettes du noyau magnétique N de l'électro-aimant.

Par son poids, la branche D C contribue à assurer la stabilité du sautoir entre les dents de l'étoile, et quand le système est au repos, la

---

(1) Médaille d'Argent.

roue armature a toujours deux palettes placées, l'une au voisinage
supérieur, l'autre au voisinage inférieur des pièces polaires saillantes
de l'électro-aimant.

Lorsque l'horloge mère envoie dans le circuit et dans la bobine le
courant de la pile, l'électro excité attire à lui la branche inférieure du
levier F D C ce qui relève le bras F D et dégage l'étoile de son sautoir.
La roue A, devenue libre, obéit aussitôt à l'attraction magnétique et les
palettes les plus proches viennent instantanément se placer au droit
des prismes polaires de l'électro-aimant ; puis, dès que le courant cesse
de passer, le levier coudé retombe, obéissant à la pesanteur ; mais
pour reprendre sa position initiale de repos, le plan incliné antérieur
du sautoir exerce une pression sur le revers de la dent de l'étoile qu'il
a rencontrée et provoque un second déplacement angulaire de la roue,
de même sens que le premier qui dispose ainsi mécaniquement les
deux palettes suivantes pour l'attraction magnétique prochaine.

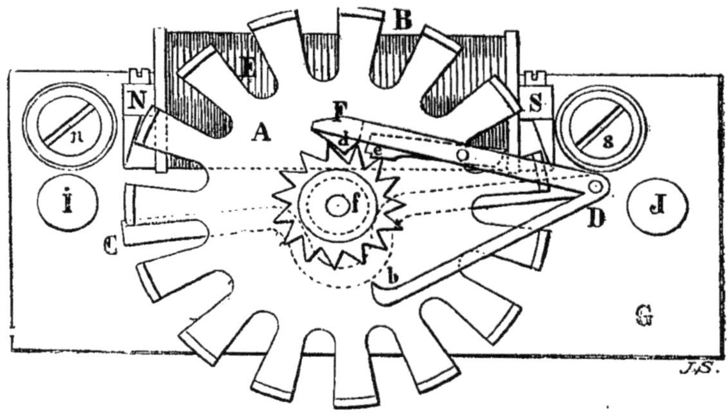

Le déplacement de la grande aiguille entre deux points de division
successifs du cadran se fait donc en deux temps : le premier temps a lieu
sous l'influence d'un phénomène magnéto-électrique et le deuxième
sous l'effort d'une action purement mécanique.

Le petit levier *e* est un cliquet de sûreté logé avec son axe dans un
évidement du bras D F et dont la tête est constamment en contact avec
les dents de l'étoile. Pendant le repos des pièces une dent de l'étoile se
trouve insérée entre le plan postérieur du sautoir *d* et la tête du cliquet *e*,
ce qui met la roue A dans l'impossibilité absolue de reculer. Après le

premier déplacement de l'aiguille, c'est-à-dire après l'action magnétique, la dent qui était bloquée se trouve portée un peu au delà de la pointe du sautoir, et la dent qui suit est engagée dans le fond de l'encoche inférieure de la tête du cliquet. A cette situation des pièces correspond une nouvelle impossibilité pour la roue A de retourner en arrière et, en même temps, la certitude que l'action mécanique à venir achèvera, dans les conditions exigées, le mouvement angulaire de l'étoile et de la roue commencé par un phénomène électro-magnétique.

Le bras inférieur D b qui forme une troisième branche du levier angulaire F CD et dont il n'est pas parlé dans la description ci-dessus, existe seulement lorsque le système est appliqué à des cadrans de grandes dimensions. Dans ce cas, le bras D b s'élève en même temps que les branches F D et CD et la pointe légèrement recourbée b vient se loger entre deux dents de l'étoile pour caler celle-ci et empêcher tout excédent de parcours angulaire en avant que pourrait provoquer, soit le poids de l'aiguille déplacé brusquement, soit encore l'action du vent.

Le récepteur que nous venons de décrire mérite d'être signalé par l'élégance de sa conception ; mais à un autre point de vue, nous sommes heureux de lui avoir consacré ces lignes, car son auteur, qui s'est ouvert une carrière très honorable dans la mécanique de précision et dans l'industrie des petits moteurs électriques, est un des premiers élèves de l'École d'horlogerie de Paris.

PENDULE ÉLECTRO-MAGNÉTIQUE

ET RÉCEPTEUR ÉLECTRO-CHRONOMÉTRIQUE

De M. BAUMANN

Directeur de l'École d'Horlogerie de Furtwangen (1).

Le mouvement oscillatoire du pendule est entretenu par la réaction périodique qu'exerce sur les lames de suspension, une armature oscillant entre les deux pôles d'un électro-aimant.

Les lames de suspension passent au travers d'une ouverture ménagée au centre d'un plateau rectangulaire sur la face inférieure duquel est ménagé un couteau prismatique dont l'arête saillante se trouve dans le plan des lames de suspension. Cette arête repose au fond d'une gouttière ménagée sur une console.

Le pince-lame supérieur fait corps avec l'armature de l'électro-aimant; il est traversé par un axe portant à chaque extrémité une vis dont le bout fileté repose sur le plateau de part et d'autre de l'ouverture centrale. Le plateau supporte donc la suspension et le pendule accroché au pince-lame inférieur.

Les vis servent à régler l'horizontalité du système.

L'électro-aimant est à deux bobines horizontales et chaque noyau, en acier, est vissé sur le pôle sud d'un aimant permanent recourbé en fer à cheval. Les pôles nord de ces aimants sont réunis au-dessus et près de l'extrémité supérieure de l'armature qui passe, nous l'avons dit en commençant, entre les extrémités libres des noyaux magnétiques des bobines.

La tige du pendule porte à la partie supérieure une traverse métallique dont les extrémités, légèrement recourbées, reçoivent des vis

---

(1) Médaille d'or.

qui viennent l'une après l'autre au contact de lames flexibles, isolées électriquement de la masse de l'horloge.

Ces lames, au nombre de deux, disposées sur le bâti de chaque côté du pendule, sont en contact permanent avec d'autres vis, isolées électriquement.

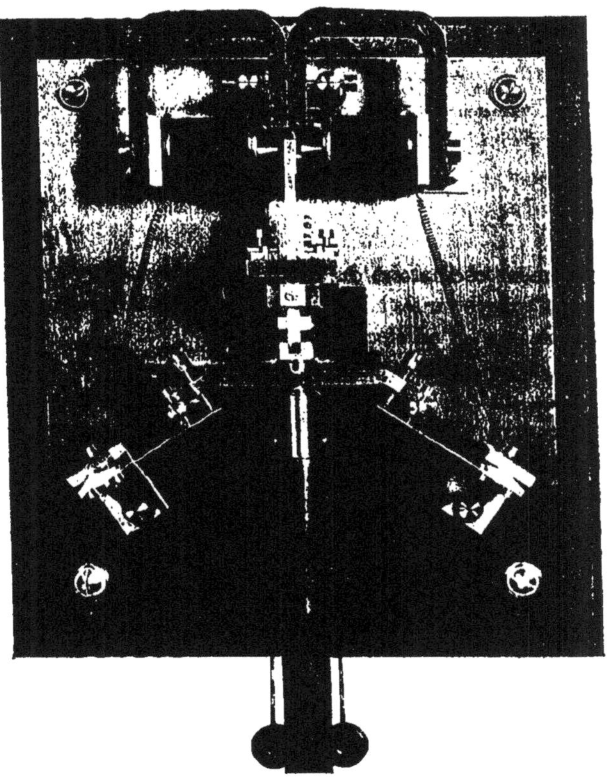

Ensemble du système électro-magnétique du pendule distributeur.

La figure schématique nº 1 montre clairement la disposition du circuit électrique et la position de chaque organe électro-mécanique lorsque le pendule est arrêté ; elle montre aussi qu'à l'instant où a lieu la coupure du circuit l'étincelle d'extra courant trouve un chemin fermé dans lequel se dépense l'énergie électrique due à la self-induction de l'électro-aimant.

Dans la figure 2 le pendule est à gauche et le circuit est fermé par la vis b en contact avec la lame B. Le courant parcourt les bobines, renforce le flux dans l'un des noyaux et l'affaiblit dans l'autre, ce qui provoque le renversement de l'armature vers la bobine E contre le pôle de laquelle elle se colle.

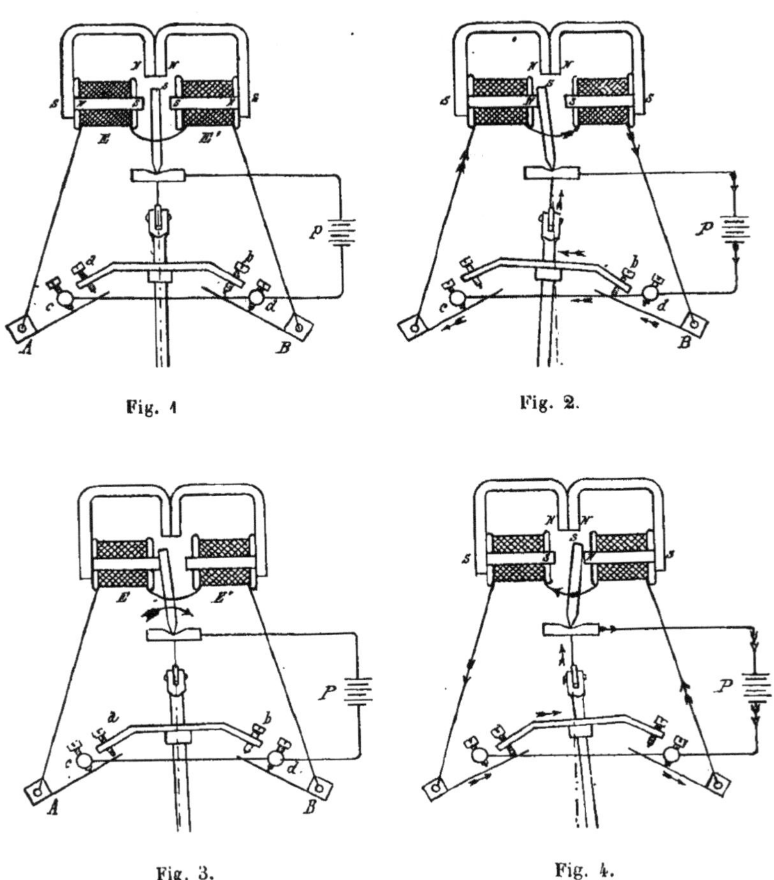

Fig. 1   Fig. 2.

Fig. 3.   Fig. 4.

Cette action électro-mécanique, qui courbe les lames de suspension, s'ajoute à l'action de la pesanteur pour ramener le pendule vers la droite.

Dans la figure 3, le pendule est en marche à droite; l'armature n'est

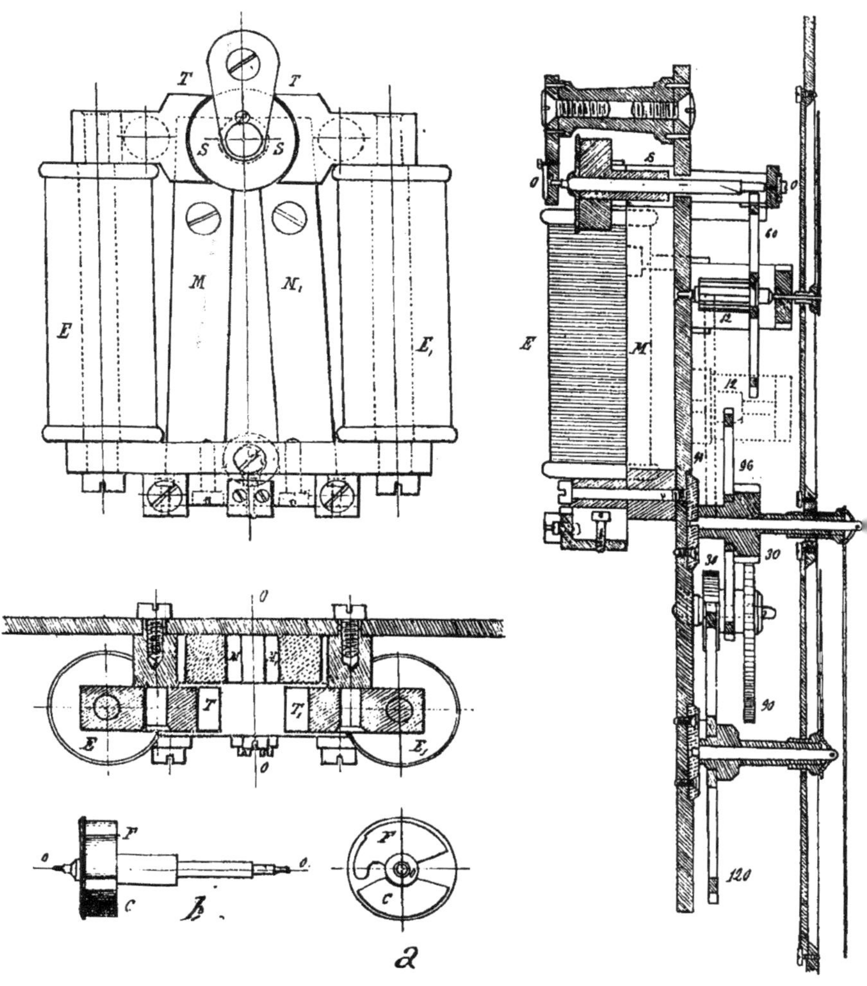

Fig. 5.

pas encore séparée du pôle contre
lequel la retient le magnétisme,
mais dès que le circuit est fermé
par la vis *a* sur la lame A, le courant est de nouveau lancé dans les
bobines ; seulement, comme il suit
une direction inverse de la première, les effets produits sont inverses des premiers. C'est ce que
montre la figure 4 sur laquelle on
voit l'armature collée contre la
bobine E' de droite. La réaction
exercée sur les lames de suspension
du pendule tend à ramener le pendule vers la gauche.

Le nombre de tours de fil sur
chaque bobine est de 4,000, ce qui
permet d'assurer la marche de
l'horloge avec un courant de 0,035
d'ampère.

Le récepteur (*fig.* 5) se compose
d'un électro-aimant E E' dont les
noyaux s'épanouissent à la partie
supérieure de manière à laisser
entre eux un vide cylindrique dans
lequel peut se mouvoir une ancre
polarisée par deux aimants perma-
nents M^1 M^2 qui magnétisent par
influence l'arbre sur lequel l'ancre
est fixée. Si les aimants présentent
leur pôle austral à une extrémité
de l'arbre, l'ancre située à l'autre
extrémité porte en permanence un
pôle de même nom.

L'ancre F (*fig. a* et *b*) est équilibrée par un contrepoids en cuivre *c ;*
elle exécute un demi-tour à chaque
changement de sens du courant
passant dans les bobines de l'élec-

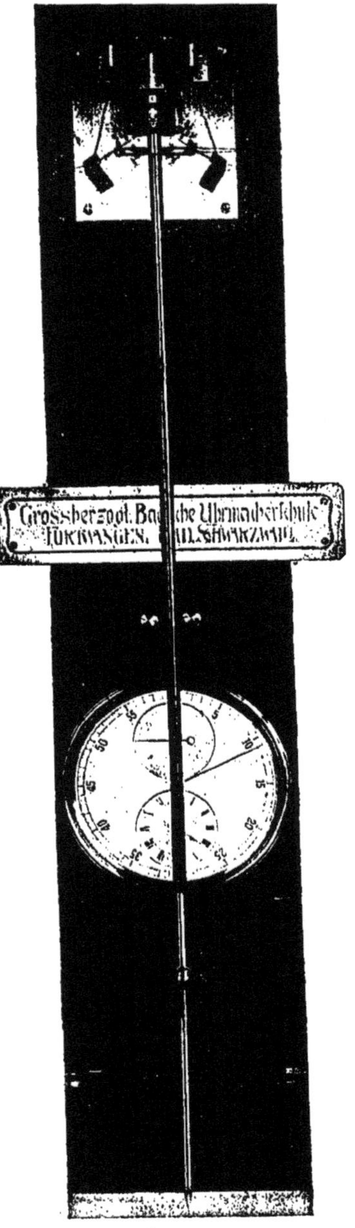

Ensemble du pendule distributeur
et cadran d'horloge réceptrice.

tro-aimant, et ce mouvement circulaire intermittent est transmis à un train de minuterie.

Le récepteur ci-contre est mené par un pendule à seconde. A chaque demi-révolution de l'ancre un pignon à 2 ailes fait avancer une roue de 60 dents faisant partie du train d'engrenages ci-dessous correspondant à la disposition visible sur le cadran de la figure.

```
Pignon de l'ancre....   2
                        60—12............. aiguille des secondes.
                            90—12
                                96—30.... aiguille des minutes.
                                    90—30
                                        120  aiguille des heures.
```

La tige du pendule est munie d'une lentille horizontale et d'un système de compensation spécial.

PENDULE A SONNERIE

AUX HEURES ET AUX QUARTS

A REMONTAGE ÉLECTRIQUE AUTOMATIQUE (1).

Dans cette pendule on utilise la rotation d'une bobine Gramme excitée, à des intervalles de temps régulièrement espacés, par un courant de puissance convenable (0,7 watts) pour mettre en mouvement la sonnerie et pour armer le ressort qui entretient la marche de l'échappement.

Le rouage proprement dit se compose d'une roue centrale **A** portant la chaussée *a;* d'une roue **B**, de la roue d'échappement **C** et de deux pignons correspondants *b* et *c*.

Le ressort moteur, dont la force est comparable à celle du grand ressort d'une montre ordinaire, est contenu dans un tambour tournant à frottement libre sur l'arbre de la roue **A**; il est accroché par un bout à une bonde goupillée sur ledit arbre et par l'autre bout à la paroi intérieure du tambour. Ce dernier, mobile, fait corps avec une roue **D** qui porte 100 dents et qui engrène avec le pignon *d* de 8 ailes commandé par la roue **E** que mène une vis sans fin à triple filet dans le prolongement de laquelle se trouve l'axe *n* de la bobine Gramme.

L'axe de la vis et celui de la bobine sont solidarisés par un système de liaison dont la figure 2 montre l'agencement.

L'axe de la roue **E** porte du côté cadran un doigt **Z** et du côté opposé, deux cames *y* et *y'* (*fig.* 1, 3 et 4); celles-ci, à chaque révolution de la roue **E**, soulèvent un système de leviers portant des marteaux **X X'**, qui peuvent frapper l'un après l'autre sur leurs timbres respectifs.

Le marteau **X**, ajusté à frottement libre à l'extrémité *o* de l'arbre *o o'*, frappe les heures, tandis que l'autre, **X'** qui est solidaire de cet axe ne fonctionne avec le premier que pour la sonnerie des quarts.

---

(1) Classe 6. — École nationale d'horlogerie de Cluses. — Grand Prix.
Nous devons à l'obligeance de M. Ch. Poncet, Professeur à l'École de Cluses, les renseignements et les dessins qui ont servi à composer cet article.

En effet, lorsque les heures seules doivent sonner, le marteau X′ est bien levé, mais il ne peut pas retomber sur son timbre T′, étant retenu par le jeu combiné d'un levier coudé S à pivot libre sur la platine et d'un bras *s* monté à carré sur l'axe même du marteau (*fig.* 1). La position du levier S est subordonnée à celle d'un râteau R′ (*fig.* 5 *a*), qui ne tombe sur un limaçon *r*′ solidaire de la chaussée que lorsqu'il y a des quarts à sonner (*fig.* 4).

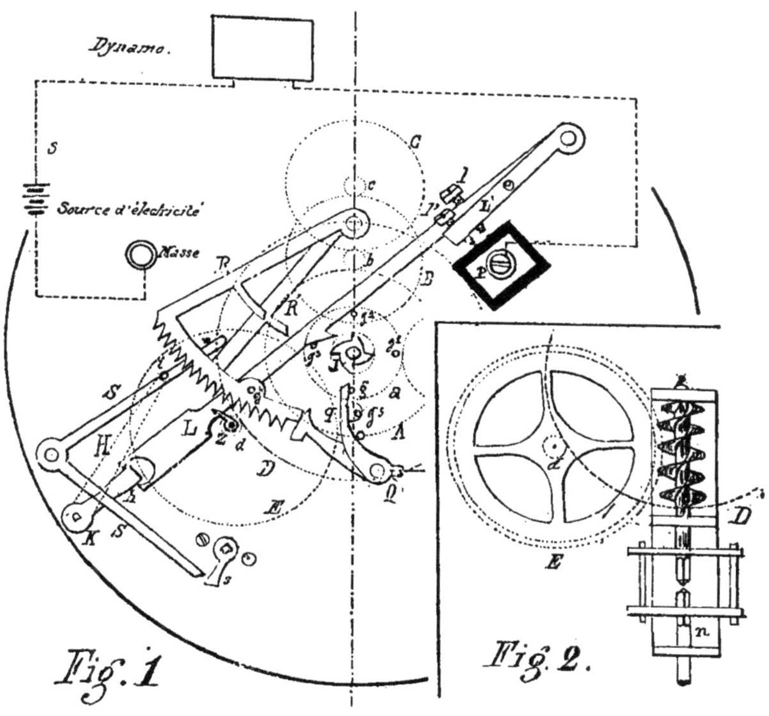

Un deuxième râteau R (*fig.* 5 *b*), indépendant de R′ quoiqu'étant mobile sur le même axe, tombe toutes les heures sur un limaçon *r* porté par la roue de canon.

Les limaçons *r* et *r*′ ont des fonctions identiques à celles qu'ils remplissent dans tout autre système de pendule à râteaux.

Chaque râteau est maintenu dans la position indiquée sur la figure 1 par un cliquet Q ou Q′ dont les bras q et q' viennent engrener, le premier avec une goupille g débordant la chaussée dans la direction du cadran, et l'autre, q', avec d'autres goupilles g^1, g^2 et g^3 débordant la chaussée du côté opposé.

Une goupille g^4, portée par le râteau des heures R, maintient soulevé, entre deux sonneries et remontages consécutifs, un levier L dont une vis l, platinée à son extrémité inférieure, est placée en regard d'un plot P, isolé électriquement, auquel aboutit un pôle de la source d'électricité.

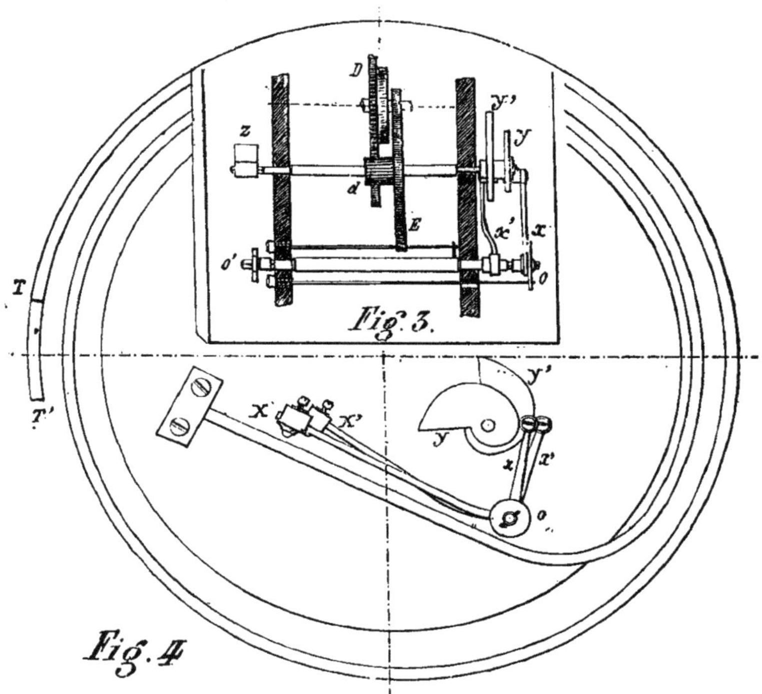

La schéma du circuit électrique est représentée sur la figure 1.

Lorsque le levier L, qui est directement monté sur le massif du mouvement, tombe, la vis l prend contact avec P, et le circuit est fermé (1). Cette fermeture se produit par la chute du râteau des heures sur son

---

(1) La deuxième levée de contact L′ a pour objet de soustraire le levier principal L aux effets de l'extra-courant.

limaçon, qui a lieu lorsque la goupille *g* a mené assez loin le cliquet Q pour dégager les dents dudit râteau.

Mais comme il est nécessaire qu'il y ait, comme dans toutes les pendules à sonnerie, une préparation dont le but est ici d'attendre que le bras *q* ait échappé la goupille *g*, le levier de contact L est retenu pendant environ cinq minutes par un rochet de 4 dents J solidaire de la chaussée.

Au bout de ce temps, la partie évidée du rochet permet au levier L d'achever sa chute sur le plot.

Le circuit étant fermé, la bobine Gramme, qui a la propriété de ne pas avoir de point mort, tourne immédiatement et entraîne, par la vis sans fin, les organes déjà décrits qui servent à armer le ressort moteur. Celui-ci se trouve donc remonté d'une quantité correspondante au nombre d'heures ou de quarts qui ont sonné.

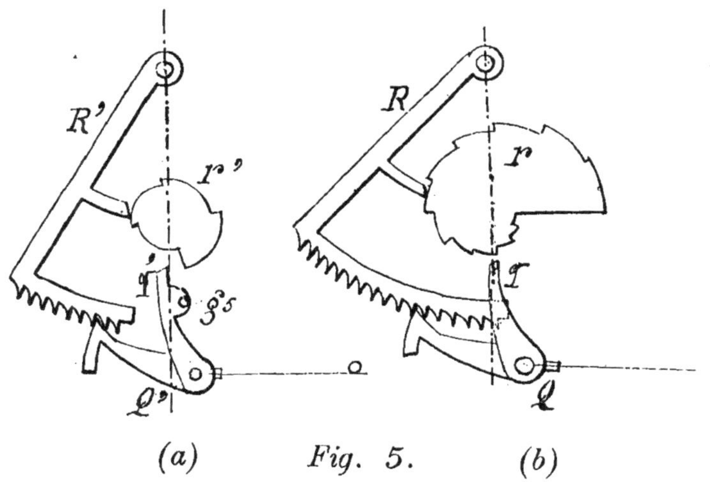

(a)   Fig. 5.   (b)

A chaque révolution de la roue E et pour les raisons dites plus haut, le marteau des heures, seul, frappe un coup sur son timbre, et le râteau R est relevé d'une dent par le doigt *z* jusqu'à ce qu'il ait repris sa position de repos. Quand arrive le tour de la dernière dent, le levier L est soulevé avec le râteau et le circuit se trouve ouvert.

Pour éviter que la roue E, entraînée par la vitesse acquise du moteur électrique, dépasse le point exact où elle doit s'arrêter, le levier L, en remontant, déplace, au moyen de la fourche qui le termine, un levier coudé I K *h* dont le plus grand bras vient se placer sur la trajectoire d'une goupille saillante *i* appartenant à la roue E.

D'autre part, la bobine Gramme adhère seulement à son axe par la pression d'un ressort pour éviter les effets d'inertie au moment de l'arrêt brusque de la roue.

Pour le fonctionnement de la sonnerie des quarts, c'est l'une des trois goupilles g^1, g^2 ou g^3 qui entraîne de droite à gauche le cliquet Q' jusqu'à ce que le dégagement du râteau des quarts R' soit opéré.

Au cours de cette fonction, une goupille g^4, chassée sur un renflement du bras *q'*, vient saisir le bras *q* du cliquet Q et l'entraîne assez loin pour permettre au râteau des heures de tomber d'une dent seulement.

Par suite de cette dernière opération le levier L, rendu libre, vient, après la préparation, fermer comme précédemment le circuit électrique, et, contrairement à ce qui s'est passé pour les heures, le marteau X', rendu libre par la chute du râteau R' et du levier S, tombe sur un timbre, en sorte que deux coups successifs sont frappés sur deux timbres différents à chaque révolution de la roue E.

La vitesse de la sonnerie des quarts est suffisamment ralentie par l'interruption momentanée qui se produit chaque fois que le doigt *z* soulève les deux râteaux.

Les nombres des mobiles du remontoir (pignon et roue de barillet) sont calculés pour que le ressort se trouve ramené à son armage initial toutes les douze heures.

Chaque tour de la roue E correspond à la sonnerie de 1 heure ou de 1 quart; ce mobile exécute donc 150 tours en douze heures; et comme dans ce temps, la roue du barillet ne doit effectuer que 12 tours, on peut donner au pignon 12 ailes, et 150 dents à la roue du barillet, ou plus simplement 8 ailes et 100 dents.

REMONTOIR

REMISE A L'HEURE ET COMMUTATEUR ÉLECTRIQUES

BREVETÉS S. G. D. G.

De MM. CHATEAU père et fils [1].

Le remontage d'un poids s'obtient avec ce système, au moyen d'un moteur électrique actionnant par chaîne Galle sans fin, ou de tout autre façon, une roue L sur l'axe de laquelle est calé un rochet à cliquet et une roue dentée menant une seconde chaîne sans fin.

Cette dernière chaîne, à laquelle sont suspendus le poids moteur P et le contrepoids tendeur p (*fig.* 1), est guidée par des poulies et le déplacement qu'elle subit sous l'action de la force motrice produit la rotation de la roue dentée D fixée sur le premier axe du rouage de l'horloge.

La fermeture et l'ouverture automatiques du circuit électrique, qui produisent le fonctionnement ou l'arrêt du moteur, sont obtenus au moyen d'un dispositif mécanique composé d'un basculateur et d'un interrupteur.

Le basculateur est formé d'un levier A en forme de croix, mobile autour d'un axe fixe. Au bras supérieur est ajouté une masse B, qui élève le centre de gravité de la pièce au-dessus du centre de rotation du système, afin que l'ensemble ne puisse prendre de position d'équilibre stable que sur l'une ou l'autre des butées de repos C ou C' du levier.

A l'opposé de la masse B le basculateur s'engage entre deux plots $n\,n'$ fixés sur un secteur matériel S tournant à frottement assez dur autour d'un tenon E. Cette pièce constitue l'interrupteur; elle porte à la partie inférieure un bras muni d'un doigt F, isolé électriquement pour établir ou rompre, suivant le cas, le courant de la pile.

---

(1) Classe 96. — Grand Prix.

Il y a passage du courant lorsque le basculateur repose sur la butée C', parce qu'à cette position correspond une direction de l'interrupteur qui établit le contact des lames de ressort I I', toutes deux intercalées dans le circuit extérieur de la pile. Le courant est coupé quand le basculateur est renversé sur la butée C, parce qu'en passant de la précédente position à cette dernière le bras inférieur réagit sur l'interrupteur par le plot n', contre lequel il est lancé avec force, ce qui permet aux lames élastiques I I' de se séparer.

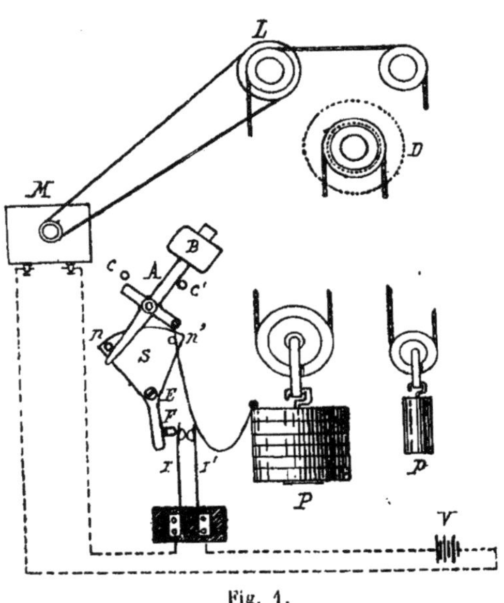

Fig. 1.

Pour obtenir automatiquement ces effets, un cordon souple relie le bras transversal du basculateur au poids P et cet ensemble électro-mécanique fonctionne de la manière suivante, en supposant un circuit renfermant la source d'électricité **V**, les contacts I et I' et le moteur **M**.

Vers la fin de sa course, le poids moteur tire de haut en bas le cordon souple et provoque le déplacement lent du système basculateur. Dès que la masse B a dépassé la verticale, le levier tombe brusquement sur la butée C' et agit sur le plot n de l'interrupteur, dont le doigt établit la fermeture du circuit. Le moteur fonctionne, remonte le poids et lorsque celui-ci arrive en haut de sa course, il agit de nouveau sur le cordon, mais de bas en haut et par suite relève la masse M, d'où résulte un jeu de bascule de sens contraire au précédent produisant l'ouverture du circuit et l'interruption du courant. Le moteur s'arrête et le remontage est terminé.

Il est à remarquer que le poids agit constamment sur le rouage pendant l'opération du remontage.

Le mécanisme de remise à l'heure est basé sur l'emploi des trains différentiels et se compose de deux trains successifs dont le premier augmente et le second retarde la vitesse qui lui est communiquée.

Le système est représenté schématiquement sur les figures 2 et 3.

Le départ de l'horloge à régler mène un arbre A sur lequel est calée une roue B de 60 dents. A côté de ce mobile, mais folle sur l'arbre, est une roue C de 59 dents solidaire d'une douille K, qui mène le second train.

Les roues B et C engrènent avec un satellite D d'un nombre de dents quelconque et porté par un axe monté sur un rochet E, également fou, sur l'arbre A.

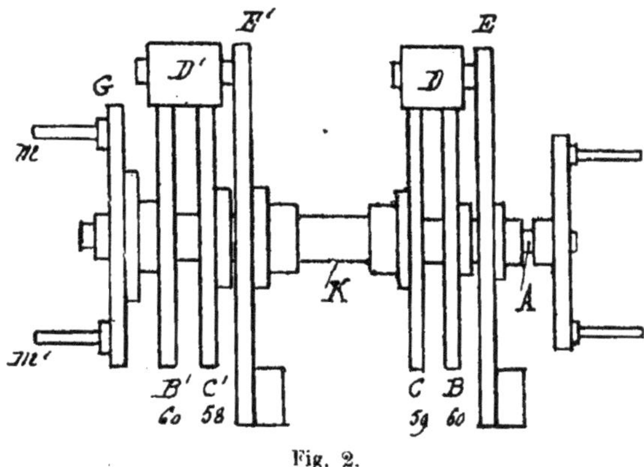

Fig. 2.

Si le rochet est immobilisé, par un moyen quelconque, les roues B et C engrenant simultanément avec le satellite D ont les mêmes vitesses relatives que si elles engrenaient directement entre elles, d'où il résulte que la roue C avance d'une dent par rapport à la roue B, soit d'environ 1/60e de tour pour un tour complet de ce dernier mobile.

Il en est de même pour le second train, mené par la douille K, seulement la roue C', calée sur cette douille et menée par la roue C du train précédent, porte 58 dents au lieu de 59 ; elle est flanquée d'une roue B′ de 60 dents, folle sur l'arbre A et toutes deux, engrènent avec un satellite D′ monté sur un axe fixé à un rochet E′, fou sur la douille K, le tout comme dans le premier rouage.

Donc, si la rotation du rochet E′ vient à être suspendue, la roue B′ retarde par rapport à la roue C′ de 2 dents par tour de celle-ci, soit de $2/60^e$ de tour environ.

Bien que les rochets E E′ soient fous, l'un sur l'arbre A, l'autre sur la douille K, ils suivent quand même le mouvement de l'arbre principal, parce que les satellites sont équilibrés et que les roues B et C menant respectivement les roues C et B′ par l'intermédiaire desdits satellites produisent des réactions trop faibles pour provoquer la rotation de ces derniers sur eux-mêmes par rapport aux rochets E E′. En d'autres termes les systèmes ne sont pas reversibles.

En résumé, le mouvement de l'arbre principal se transmet de la manière suivante aux divers mobiles du rouage :

Quand les rochets sont libres, l'arbre A mène le premier train qui mène le second exactement comme si les engrenages n'existaient pas et comme si la roue B′ était calée sur l'arbre A.

Lorsqu'on arrête seulement le rochet E, les mouvements se transmettent comme si la douille K menait directement la roue B′ sans intervention du second train, mais le premier train modifie la vitesse de la roue C et la douille K avance sur l'arbre A de $1/60^e$ de tour environ par tour.

En arrêtant ensemble les deux rochets E E′, le premier train fait avancer la roue C de $1/60^o$ de tour par rapport à la roue B ou à l'arbre A, ce qui revient au même. De son côté, le second train retarde la roue B′ de $2/60^o$ de tour relativement aux roues C et C′ et, par suite, de $2/60^e$-$1/60^o$ par rapport à l'arbre A.

Tout revient donc à arrêter le rochet E pour obtenir de l'avance et ensemble les deux rochets E E′ pour donner du retard. On obtient ces effets au moyen de deux leviers L et L′ (*fig.* 3), qui sont normalement soutenus par une traverse surmontant la palette mobile de l'électro-aimant F, parcouru par le courant de remise à l'heure. Les deux leviers portent des becs ou cliquets qui, en tombant sur les rochets, arrêtent leur mouvement de rotation. Ces leviers sont d'inégale longueur, de façon que si l'armature est plus ou moins attirée, la barette cesse de soutenir l'un ou les deux à la fois, suivant l'amplitude de son déplacement.

Ce déplacement variable s'obtient par l'addition d'un bras T sur l'armature, près de son centre de rotation. Ce bras porte un mentonnet qui peut buter contre la branche d'un plateau G monté en avant de la roue B′; ledit plateau forme départ définitif menant la minuterie du cadran et il est à cet effet muni des broches *m m′* diamétralement opposées. Deux encoches 1 et 2, l'une plus profonde que l'autre et séparées par une partie non entaillée, sont ménagées sur la tranche du plateau.

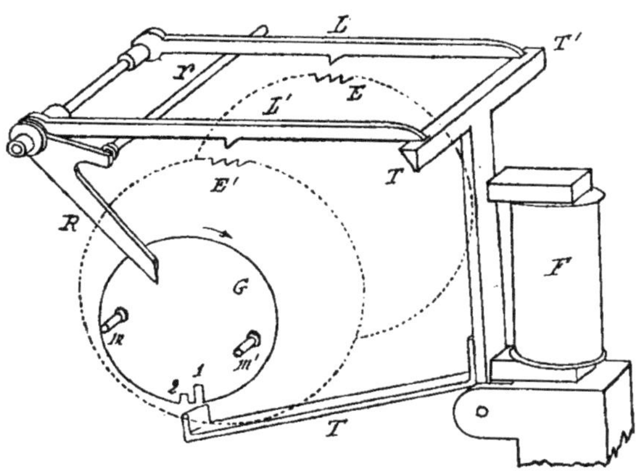

Fig. 3.

Si, au moment de l'émission du courant de remise à l'heure, l'horloge à régler est d'accord avec l'horloge-mère, le mentonnet butera sur la partie non entaillée du plateau comprise entre les encoches et le déplacement de l'armature sera nul. Rien ne sera donc changé à la marche des rouages.

Mais, si l'horloge à régler avance, le mentonnet pénètre dans l'entaille la plus profonde et les deux leviers tombent à la fois sur les rochets pour donner du retard.

Enfin, lorsque l'horloge secondaire retarde, le mentonnet pénètre dans l'entaille la moins creuse et le levier L tombe seul sur son rochet.

L'effet d'avance ou de retard se produit lentement pendant la plus grande partie de la demi-heure qui suit l'émission du courant. Pour le faire cesser, il suffit de remonter les leviers et de les réenclancher sur la barette transversale de l'armature. A cet effet, un levier R, avec bras *r* passant sous des leviers L et L′, est soulevé par les broches du plateau de départ et suffisamment relevé pour dégager les rochets et ramener les leviers-cliquets dans leur position d'attente.

La remise à l'heure électrique corrigeant les minimes variations d'horloges déjà réglées au plus près, il est indispensable d'employer un courant instantanément émis par un distributeur, agissant à des intervalles de temps plus ou moins espacés.

Le commutateur de MM. Château a pour objet de satisfaire à cette condition, dont dépend la sûreté des effets de réglage.

Sur le départ de l'horloge (centre horaire) ou sur la roue de chaussée on dispose une broche **D** (*fig.* 4) soulevant à chaque tour un levier angulaire **B A C**, qui retombe ensuite sur un plot de repos. Le levier pivote en **A** et porte un cliquet **C E** qui commande un rochet et le fait progresser d'une dent chaque fois que le levier, après avoir été soulevé par la broche, retombe sur son repos. Le rochet fait partie d'un rouage dont la vitesse est réglée par un volant à ailettes.

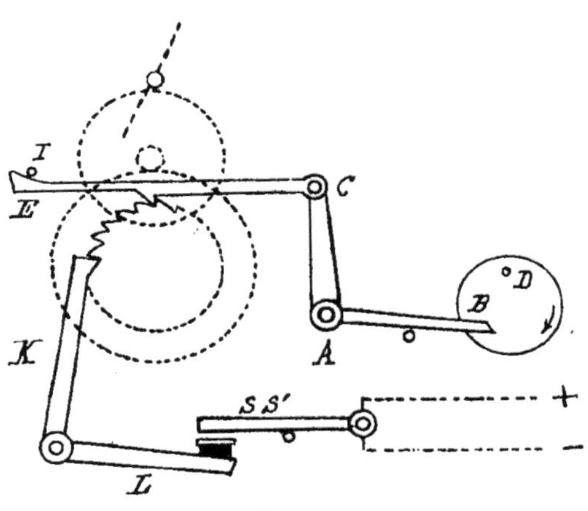

Fig. 4.

Le cliquet est terminé par un mentonnet, qui glisse constamment contre la broche de sûreté f pendant les déplacements angulaires du levier **B A C**; en sorte que si le rouage tendait, par un effet d'inertie, à continuer sa rotation après la chute de ce levier sur son repos, l'effort serait absorbé par la pression du mentonnet contre la broche. Le rochet ne peut donc avancer que d'une seule dent chaque fois qu'il est sollicité par le cliquet.

Le rochet agit avec ses dents sur un levier K, dont les déplacements angulaires servent à donner des contacts. A cet effet, le second bras du levier est garni d'une pièce métallique isolée électriquement venant toucher, à chacune de ses oscillations, deux leviers SS′ également isolés, pivotant autour du même axe et insérés dans le circuit électrique. La durée de l'émission de courant se règle au moyen du volant à ailettes.

APPAREIL SÉMAPHORIQUE A SIGNAUX INSTANTANÉS

Dit SIGNAL HORAIRE

POUR LA TRANSMISSION DE L'HEURE DANS LES PORTS

Système de MM. HANUSSE, Ingénieur hydrographe, et G. BORREL, Constructeur (1).

Cet appareil se compose de quatre parties principales qui sont :

1º L'ossature métallique servant de cadre et de bâti-support ;

2º La partie optique servant à la production des signaux ;

3º La partie mécanique actionnant les organes servant aux signaux ;

4º La partie électro-magnétique provoquant les signaux suivant des périodes déterminées et variables à volonté.

1º *Ossature métallique.*

Ainsi que le représentent en élévation de face les deux figures du signal : *fermé* et *ouvert* (*fig.* 1 et 2), l'ossature servant de cadre et de support à l'appareil se compose :

1º De deux montants verticaux M, M' formant caissons clôturés extérieurement par des portes à charnières fermant à crémone sur battements étanches ;

2º D'un soubassement S formant également caisson et clôturé sur la face antérieure par une porte à charnières sur battement étanche ;

3º Enfin, d'un chapeau C réunissant les deux montants verticaux à leur partie supérieure et coiffé d'une tôle légèrement cintrée formant larmier pour rejeter les eaux pluviales en dehors de l'appareil.

Tout cet ensemble est entièrement métallique et peut être exposé, suivant les applications, soit complètement à découvert au-dessus d'un

---

(1) Congrès international de chronométrie (Comptes rendus).

édicule *ad hoc*, soit dans l'embrasure d'une baie pour signaux lumineux nocturnes.

Le montant M sert de logement aux organes électro-magnétiques ; le montant M' reçoit les organes mécaniques dont l'origine peut être disposée en un point quelconque du soubassement S.

Les dimensions extérieures de l'appareil sont de 2m,70 de hauteur, de 1m,80 de largeur et 0m,21 d'épaisseur.

La partie vide réservée aux organes du signal optique mesure 2m de hauteur et 1m,50 de large, soit 3mq de surface.

Fig. 1. Fig. 2.

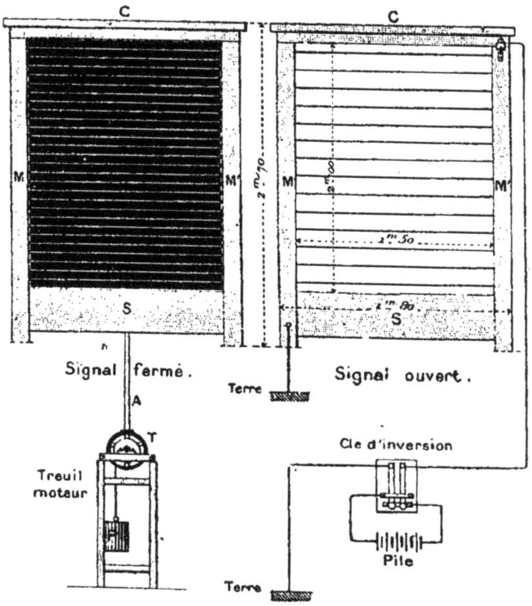

2° *Partie optique servant à la production des signaux.*

Cette partie est essentiellement composée d'un certain nombre de lames planes de faible épaisseur pouvant tourner chacune autour d'un axe horizontal accomplissant sa révolution en quatre périodes égales de 90° d'angle chacun.

La position de ces lames est réglée de telle façon qu'elles se présentent alternativement verticalement et horizontalement. Leurs dimensions sont proportionnées à celles du vide du cadre qu'elles remplissent.

Les deux formes de mouvement des lames correspondent donc :

1° Pour la position verticale, à l'apparence d'un écran peint en noir ou autre couleur, masquant le vide du cadre (*fig.* 1, signal fermé) ;

2° Pour la position horizontale, à l'apparence du cadre vide (*fig.* 2, signal ouvert).

Les changements entre deux positions des lames s'effectuent en $\frac{1}{15}$ de seconde, condition réalisant la visibilité parfaite de signaux transmis de seconde en seconde.

3° *Partie mécanique actionnant les organes servant aux signaux.*

Les axes sur lesquels sont fixées les lames pivotent dans des paliers en bronze fixés dans les montants M, M' ; les axes pénètrent dans l'intérieur de ces montants.

Dans le montant ou caisson M', l'extrémité de ces axes est munie d'une roue d'engrenage conique engrenant avec un pignon fixé sur un arbre vertical de commande dont le prolongement serait en A.

Cet axe aboutit au treuil T comportant également un engrenage conique, le tout actionné par la pesanteur d'un poids moteur P.

Une disposition particulière de cette transmission permet à chaque lame une fonction amortie, afin d'éviter l'emploi d'un poids trop lourd dont l'effet brusque pourrait causer la détérioration des organes qu'il actionne.

La hauteur de chute du poids moteur est illimitée, et le mouflage de son câble de suspension sera approprié suivant les emplacements et les applications.

4° *Partie électro-magnétique provoquant les signaux suivant des périodes déterminées et variables à volonté.*

Dans le montant ou caisson M sont disposés les mécanismes électro-magnétiques au nombre de deux, correspondant chacun à l'une des fonctions ou positions des lames ; c'est-à-dire que le même mécanisme produit toujours la position verticale des lames, tandis que le second produit toujours la position horizontale.

Chacun de ces mécanismes est commandé par l'armature d'un élec-tro-aimant polarisé. Les deux électro-aimants sont disposés en tension afin de fonctionner sous l'influence de courants inversés, ainsi que l'in-dique la clef représentée.

Cette clef, qui est du modèle classique, peut être remplacée, selon les circonstances ou les applications, par un commutateur inverseur actionné par une pendule astronomique pour les périodes détermi-nées.

La disposition représentée du circuit prévoit le retour du courant par la terre à titre de renseignement simple.

Fonctionnement de l'appareil.

On comprend facilement, d'après ce qui précède, le fonctionnement de l'appareil dont le but principal est de transmettre l'heure dans les ports, pour le réglage des chronomètres des navires.

La différence existant entre cet appareil et les ballons généralement en usage réside dans l'avantage d'une plus grande visibilité ; dans la facilité de notation des comparaisons par la continuité du signal pen-dant un certain temps ; enfin dans l'appréciation plus exacte du moment où se produit le signal.

En effet, contrairement à l'usage, le maximum de vitesse de rota-tion des lames est atteint au démarrage, et la vitesse diminue au mo-ment de l'arrêt, circonstance recherchée pour obtenir un fonctionnement aussi rapide que possible au début et ne pas provoquer de chocs brusques capables de détériorer les organes au moment de l'arrêt.

Dans ces conditions, quel que soit le mode d'émission du courant, soit par une pendule astronomique, soit à la main par clef d'inversion, quelques minutes avant l'heure fixée pour le signal d'heure, quelques évolutions rapides des lames avertiront de l'approche du moment.

Ainsi que dans l'envoi télégraphique de l'heure, le premier signal sera fait à la soixantième seconde de l'heure convenue et sera continué de seconde en seconde jusqu'à la dixième. Une interruption aura lieu jusqu'à la vingtième, d'où le signal sera continué jusqu'à la trentième, interrompu de nouveau jusqu'à la quarantième et repris jusqu'à la cin-quantième.

Dans l'espace d'une minute il y aura donc eu trente-trois signaux donnés en trois reprises différentes permettant d'établir de bonnes com-paraisons. Tout autre mode peut être adopté.

A la suite d'expériences nombreuses faites entre le dépôt de la Marine et les tours de Notre-Dame, le retard dû à la transmission a été trouvé de $0^s,25$.

Ce retard est sensiblement indépendant de l'intensité du courant.

Dans ces expériences, l'erreur moyenne des observations isolées a été de $0^s,06$.

Quoique construit spécialement pour donner les *signaux horaires*, cet appareil peut servir pour la télégraphie optique diurne et nocturne.

DISTRIBUTEUR ÉLECTRIQUE

DE LA COMPAGNIE PARISIENNE DE L'AIR COMPRIMÉ

PAR HORLOGES PNEUMATIQUES

On sait que la distribution de l'heure par la Compagnie parisienne de l'air comprimé se fait au moyen d'une horloge centrale à remontage automatique installée dans un immeuble de la rue Sainte-Anne, à Paris.

L'air qui actionne les horloges pneumatiques insérées dans le réseau desservi, est comprimé par des machines à vapeur, à la pression de 5 kilogrammes par centimètre carré, dans des réservoirs dits de haute pression. Au sortir de ces récipients, l'air se rend par une canalisation, dans d'autres réservoirs où il est maintenu à la pression moyenne de 2 kilogrammes par centimètre carré, puis de là, il passe par un régulateur de pression et parvient finalement dans les organes de la distribution à la pression moyenne de 750 grammes par centimètre carré.

L'horloge centrale actionne, au moyen d'un mécanisme spécial de déclanchement, un arbre qui exécute deux demi-révolutions rapides par minute et qui porte un excentrique pour mettre en mouvement la tige de tiroir d'un cylindre à air comprimé dont le piston commande un grand tiroir de distribution.

Après la première demi-révolution, le tiroir fait communiquer pendant vingt-trois secondes le réservoir d'air comprimé avec la canalisation des horloges, ce qui détermine le mouvement de petits soufflets reliés à des rochets commandant la minuterie de chaque cadran secondaire.

Pendant la seconde demi-révolution le tiroir de distribution ferme l'arrivée de l'air comprimé dans la conduite et laisse s'échapper dans l'atmosphère celui qu'elle renferme, par un tuyau d'évacuation.

Ce mécanisme de distribution, très simple, permet d'assurer un service horaire direct dans un rayon qui ne peut guère dépasser trois kilomètres, à cause du temps nécessaire à l'alimentation et à la vidange des tuyaux, et aussi en raison des fuites et des pertes de charge inhérentes à toute circulation de fluide à travers une canalisation. Ces inconvénients, limitant la puissance disponible de l'agent moteur, s'opposent à la diffusion de l'unification de l'heure pneumatique dans tous les quartiers de Paris par une seule horloge et on a dû s'en tenir à une zone qui comprend sept arrondissements du centre (1er, 2e, 3e, 4e, 8e, 9e et 10e).

Pour remédier à cet état de choses, la Compagnie parisienne a imaginé le distributeur relai électrique qui figurait dans la classe 96. Cet appareil, composé de deux électro-aimants avec armatures, constitue, avec les tiroirs de distribution et les réservoirs régulateurs d'air comprimé, une sous-station qui serait installée au centre de toute nouvelle zone à desservir.

A la station centrale, l'arbre excentrique porte autant de contacts qu'il y a de stations secondaires et chacune d'elles est reliée à la station centrale par une canalisation électrique à laquelle le courant est fourni par une pile ou une batterie d'accumulateurs.

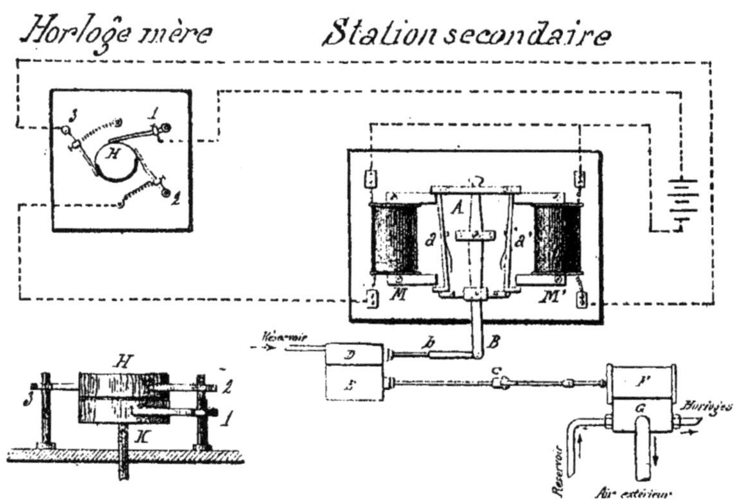

Sur l'arbre H appartenant à l'horloge mère portent des frotteurs 1, 2, 3. Le premier repose sur un disque K entièrement métallique et les deux autres sur un disque, également métallique, dont la demi-circonférence est recouverte d'une lame d'ébonite. Suivant que le frotteur 2 ou 3 est en contact avec la matière isolante, le courant de la batterie est lancé dans l'électro M ou M', ainsi qu'on peut s'en rendre compte en examinant le tracé schématique qui relie les figures ci-contre. Lorsque les frotteurs 2 et 3 communiquent avec l'ébonite, le circuit est ouvert. Comme conséquence de ces dispositions, voici le mode de fonctionnement d'une sous-station.

A la première demi-révolution de l'arbre H, le courant est envoyé par le frotteur 2 dans l'électro-aimant M. Celui-ci attire son armature a et le levier B auquel elle est reliée. Le tiroir b se déplace vers la gauche et l'air comprimé, venant du réservoir, agit sur une des faces du piston renfermé dans le cylindre E. Ce mouvement du piston et de sa tige c provoque l'ouverture du tiroir F qui distribue l'air comprimé dans les tuyaux de conduite allant aux horloges secondaires.

Avant la fin de la demi-révolution de l'arbre H, les frotteurs 2 et 3 portent ensemble sur la bande d'ébonite et le courant est interrompu; après quoi la deuxième demi-révolution se produit, fermant le circuit sur l'électro-aimant M' par le frotteur 3. Il se produit alors des actions mécaniques de même ordre que les précédentes, mais de sens inverse, qui déterminent finalement l'évacuation de l'air comprimé dans l'atmosphère.

Ces diverses phases se renouvellent régulièrement toutes les minutes et on a ainsi le moyen, avec une horloge unique, de faire marquer exactement la même heure à une infinité de cadrans, quel que soit leur éloignement de la station centrale.

CHRONOGRAPHE

DONNANT LES MILLIÈMES DE SECONDE

Système C.-W. SCHMIDT (1).

La mesure des actions dont la durée est inférieure à l'unité physique de temps, soit la seconde, s'obtient habituellement au moyen d'un mécanisme ajouté aux montres et enregistrant les vibrations du balancier, qui sont généralement au nombre de cinq et quelquefois de dix par seconde.

Lorsque les intervalles à mesurer sont moindres que ces petites fractions de la seconde, on se sert d'un appareil connu sous le nom de chronographe Leboulangé, qui permet d'obtenir très exactement la hauteur de chute d'un mobile, correspondant au temps que le phénomène considéré a mis à s'accomplir. En introduisant la quantité ainsi déterminée dans la formule

$$t = \sqrt{\frac{2h}{g}}$$

on obtient le temps cherché.

Le calcul est simple, mais le maniement de l'appareil est délicat et il est indispensable qu'un opérateur habile procède à l'expérience.

Pour simplifier la solution du problème, M. Schmidt a imaginé un chronographe très pratique qui peut servir à mesurer les espaces de temps correspondant au 1/1000 de la seconde. Le principe de l'appareil repose sur l'emploi du mouvement d'un balancier spiral battant le 1/5 de seconde et assujetti à conserver très exactement la même amplitude pour chacune de ses oscillations.

En plaçant une aiguille sur l'axe du balancier, on conçoit que si l'arc

---

(1) Classe 96.

qu'elle parcourt au-dessus d'un cadran est divisé en deux cents parties, chaque division pourra correspondre à 1/1000 de seconde, à la condition de tenir compte, pour l'espacement des traits séparatifs, de la vitesse variable du balancier, ce qui conduit à des divisions plus petites aux extrémités qu'au milieu de l'axe, dont la longueur est voisine d'une circonférence entière.

Dans l'instrument représenté ci-dessous (*fig.* 1), il n'y a ni rouage ni échappement ; le balancier est d'un diamètre relativement grand et

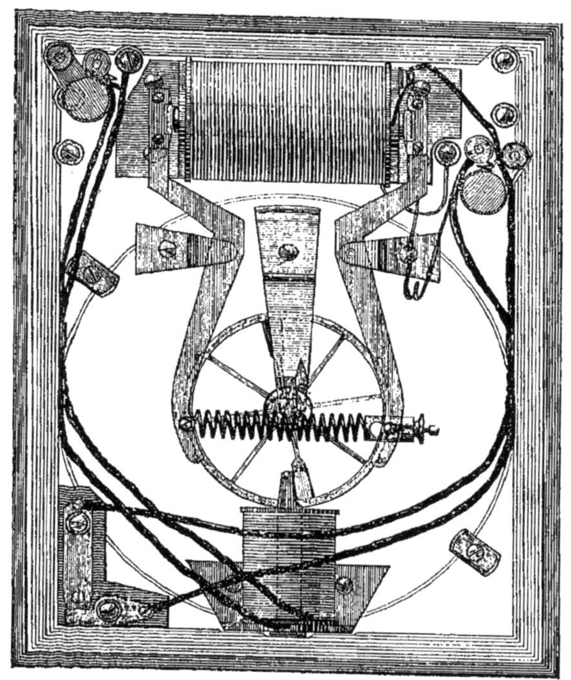

Fig. 1.

construit en métal non magnétique. L'aiguille chronographique est amenée sur le zéro du cadran au moyen d'une tige *ad hoc* et, dans cette position, le spiral se trouve armé d'un demi-tour, tandis qu'une armature en fer doux, fixée au balancier, se présente d'elle-même au droit d'un électro-aimant intercalé dans le circuit d'une pile.

Deux leviers angulaires à sabot, commandés par un second électro-aimant, sont disposés pour pouvoir arrêter instantanément le balancier, lorsque le courant de la même pile ou d'un autre générateur d'électricité, qui les tient écartés, cesse de circuler dans la bobine magnétique.

Avant de procéder à une expérience, on établit les deux circuits extérieurs, dans lesquels on envoie le courant électrique, puis on amène l'aiguille chronographique sur zéro. Celle-ci se trouve retenue au-dessus de ce chiffre, en vertu de l'attraction exercée sur l'armature du balancier par le premier électro-aimant et l'observation commence lorsqu'on ouvre le circuit correspondant, puisqu'on libère de la sorte le balancier.

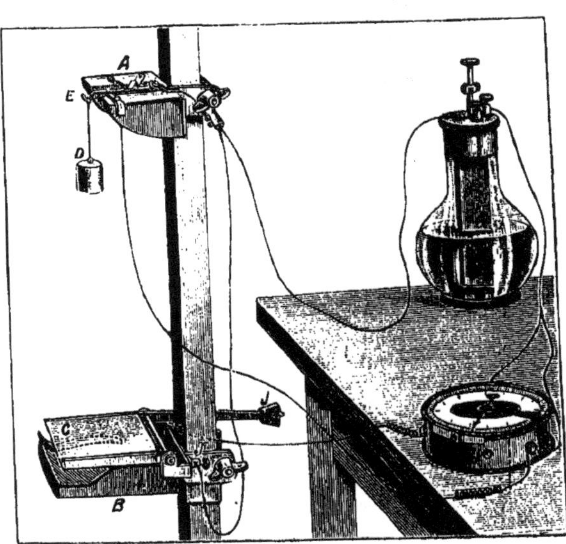

Fig. 2.

Lorsqu'on ouvre le second circuit, le deuxième électro cesse de magnétiser les armatures des leviers et les sabots tombent instantanément sur la circonférence du balancier, sous l'action du ressort à boudin qui les réunit. L'aiguille a alors parcouru une partie du cadran correspondant au temps écoulé entre les deux ruptures.

La division du cadran est faite d'une manière empirique à l'aide d'un disjoncteur qui interrompt les courants à des intervalles de temps d'une extrême précision. L'instrument possède des organes de manipulation et de réglage dont il n'est pas nécessaire de donner ici le détail ; enfin, certains chronographes sont munis d'un mécanisme spécial pour maintenir le balancier en mouvement, ce qui permet de mesurer un temps dépassant une oscillation.

La figure 2 montre l'application d'un chronomètre Schmidt à la mesure de la chute d'un poids tombant de la console A sur la planchette C. Les deux pièces sont reliées en dérivation au circuit d'une pile dont le courant traverse les deux électro-aimants du chronographe. L'aiguille étant amenée sur le zéro de la division du cadran, si on détermine d'une manière quelconque la rupture du fil qui retient le poids à la lame E, celle-ci, qui fermait le circuit sur l'électro du balancier, se relève sous l'action d'un ressort e. Le circuit est rompu et l'aiguille chronographique se met en marche.

Lorsque le poids rencontre la planchette horizontale C, tenue en communication électrique avec le chronographe et la pile sur le contact I par le contrepoids J, le circuit du second électro-aimant est coupé au point I par suite du mouvement de bascule imprimé à la planchette par le choc du poids d'expérience. Les sabots des leviers pressent instantanément le balancier et on lit sur le cadran, en millièmes de seconde, le temps qu'a duré la chute du mobile.

L'usage du chronographe Schmidt est très répandu dans les établissements militaires où il sert à mesurer la vitesse des projectiles, après avoir subi des épreuves sévères de réception qui déterminent son degré de bon fonctionnement, sa justesse et sa précision.

LA SENTINELLE

Avertisseur, Contrôleur immédiat, Enregistreur
de Veilles et de Rondes

Système P. VAUDREY

La « sentinelle » est un ensemble d'appareils électro-mécaniques combinés en vue de tenir en éveil, dans les usines ou sur des chantiers, le personnel chargé de certains services de vigilance dont dépendent la bienfacture des produits mis en œuvre (céramique, verreries, fonderies, etc.) ou la sécurité contre le vol, l'incendie, la malveillance, etc.

L'installation de la sentinelle comporte une horloge et une pile électrique comme appareils moteurs ; un distributeur, des sonneries, un commutateur et un enregistreur, dont nous allons donner la description, l'usage et le fonctionnement. La figure 1 représente schématiquement l'ensemble d'une installation de la sentinellle.

Description. — Le *distributeur* automatique D (*fig.* 2) est un disque fixé sur la tige de chaussée de la minuterie d'une horloge. Ce disque porte à sa circonférence des encoches a^1 en nombre correspondant à la totalité des signaux ou avertissements à produire en une heure, et elles sont distribuées angulairement d'après les intervalles de temps qui doivent les séparer. Sur la platine du mouvement sont pivotés deux cliquets sautoirs c et d dont les extrémités, terminées par des goupilles, reposent sur le contour du distributeur par leur propre poids auquel vient s'ajouter l'action des ressorts c^1 d^1 qui assurent le contact plus intime des pièces dont il s'agit. Enfin des vis de contact c^2, d^2, isolées électriquement de la platine, sont disposées à peu de distance au-dessous des sautoirs correspondants.

Les *sonneries.* — A et C sont des trembleuses ordinaires (*fig.* 1) ; la première est simplement *avertisseuse* et la seconde, dite *contrôleuse,* représentée à part (*fig.* 3), est combinée avec un volet à charnière *p* placé à l'extérieur de la boîte dans laquelle est enfermé le dispositif électro-magnétique.

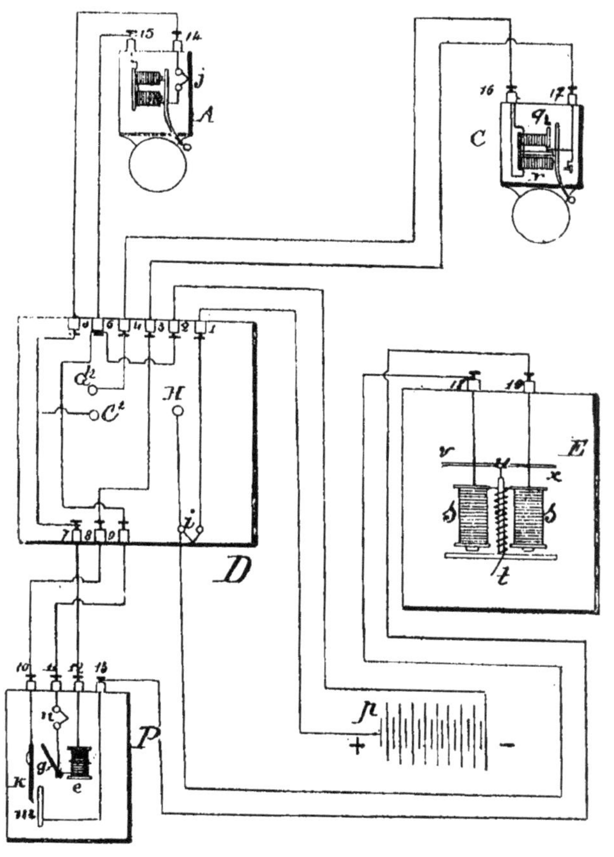

Fig. 1.

A l'état de repos, c'est-à-dire lorsque la sonnerie est muette, le volet est dressé contre la paroi de la boîte et retenu par le mentonnet d'une armature oscillante *q* qui, en obéissant à un électro-aimant *r*, libère le volet à l'instant où le courant de la pile actionnne la sonnerie C.

Lorsque le volet est tombé on le relève à la main.

Le *commutateur* P (*fig.* 4) dit « Poste », est un coffre en bois, hermétiquement clos qui contient un électro-aimant *e* dont l'armature basculante enclanche aussi un volet *g*.

Cette pièce mobile se rabat en avant sous i'action de la pesanteur, lorsqu'elle est désenclanchée, et elle s'arrête après une course angulaire de quelques degrés contre le talon K d'une tige guidée appartenant à un commutateur qui se termine au dehors par un bouton de pression *h*.

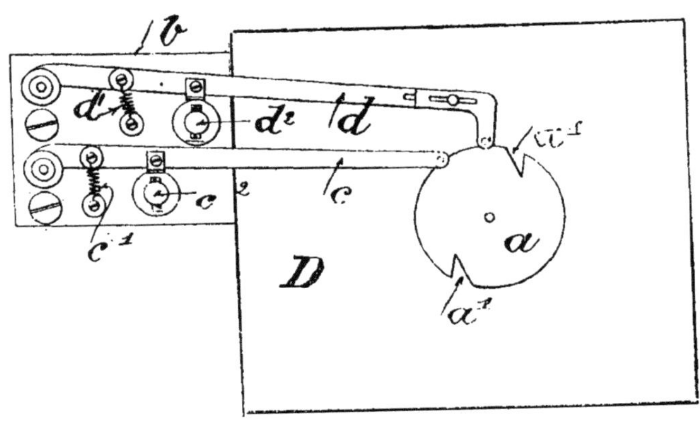

Fig. 2.

Lorsqu'on pousse ce bouton pour relever et enclancher le volet sous l'armature, le talon K rencontre un ressort *m* placé au-dessus d'une solution de continuité qui existe normalement dans la partie du circuit qui mène à l'enregistreur.

La pression exercée sur le ressort par le commutateur ferme le circuit à l'instant où le volet est mis en place, puis un ressort à boudin ramène la tige à sa position initiale et laisse le ressort en reprendre la sienne, ce qui coupe le circuit.

L'*enregistreur* E (*fig.* 1) est constitué par un électro-aimant *s* dont l'armature *t*, munie d'une pointe perforante, est disposée derrière un cadran de papier et qu'elle traverse chaque fois que le courant de la pile passe dans les bobines. Le cadran est entraîné par un mouvement d'horlogerie et son axe exécute un tour en 24 heures.

L'horloge avec son distributeur peut être placée en un point quelconque de l'usine ou des chantiers ; la sonnerie avertisseuse et le commutateur du poste sont installés non loin du lieu occupé par le veilleur. Le contremaître ou le surveillant a près de lui la sonnerie de contrôle, et le directeur de l'établissement garde dans son bureau l'appareil enregistreur. Chaque appareil possède son interrupteur qui permet de le placer hors circuit pendant le temps qu'on juge inutile de le faire fonctionner.

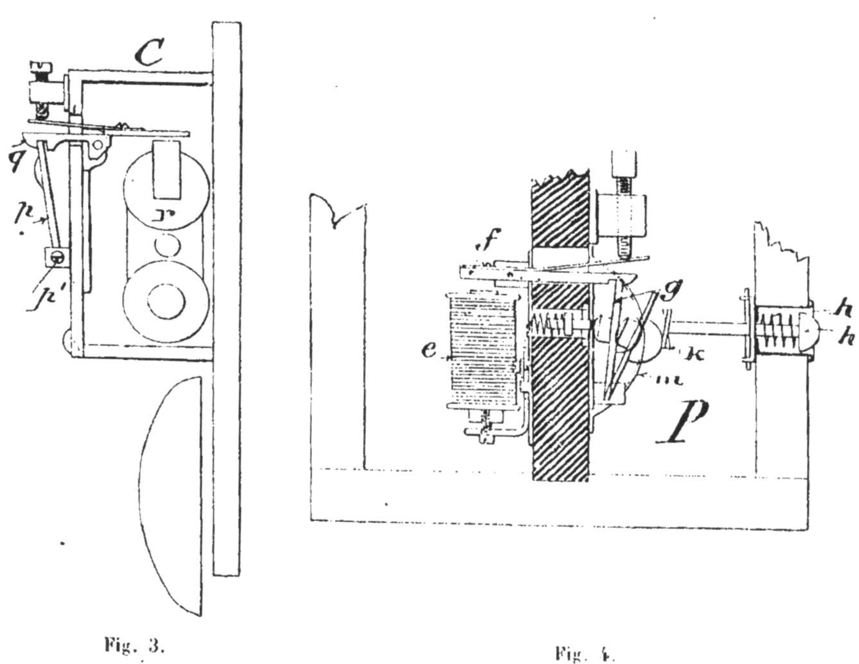

Fig. 3.   Fig. 4.

Fonctionnement. — En partant du pôle + de la pile p, le courant se rend à la borne 1 du distributeur, passe par l'interrupteur i, si celui-ci est fermé, puis dans la masse du mouvement d'horlogerie en H et dans la borne de contact 18 de l'enregistreur.

Le pôle négatif — est en communication constante avec les bornes de contact 2, 5 et 9 du distributeur, la borne 15 de la sonnerie-avertisseuse, la borne 11 du poste, et le volet si l'interrupteur n est fermé.

Lorsque le distributeur présente, à des intervalles déterminés, ses encoches sous les sautoirs, le sautoir c s'abaisse et vient buter contre le contact c^2, établissant ainsi la communication de celui-ci avec la masse du mouvement de l'horloge. Le circuit se trouve alors fermé à travers l'électro-aimant du poste P et la sonnerie-avertisseuse A ; cette dernière prévient par son bruit le veilleur chargé du service ; en même temps, dans le poste, le volet *g*, déclanché par l'armature *f*, tombe sur la touche *k*, permettant ainsi au courant de passer par cette dernière, pour rejoindre les bornes de contact 10 du poste, 8 et 3 du distributeur, et enfin la borne 17 de la sonnerie-contrôleuse.

Dès que le signal avertisseur a cessé, le veilleur doit manifester sa présence en appuyant sur le bouton-poussoir *h* de manière à relever le volet *g* et à l'enclancher par l'armature *f* qui est revenue à sa position de repos sous l'effet du ressort. En poussant ainsi le bouton *h*, le veilleur produit en même temps le contact de la touche *k* sur le ressort *m* et ferme par suite le circuit de l'enregistreur E ; celui-ci entre en fonctionnement et produit une perforation sur la feuille de papier *v*, de sorte qu'une trace visible et permanente de la présence du veilleur à son poste pourra être mise sous les yeux du chef de l'établissement. En même temps que le volet *g* a été relevé, le circuit de la sonnerie de contrôle a été interrompu sur ce point, de sorte qu'au moment où le second sautoir *d* tombe dans l'encoche *a*[1] cette sonnerie C ne fonctionne pas.

Au contraire, si le veilleur, absent de son poste, n'a pas poussé le sautoir *h*, le contact reste établi entre le volet *g* et la touche *k*, et lorsque le sautoir *d* vient buter sur le contact *d*[2], le circuit de la sonnerie C se ferme. Le surveillant chez qui cette sonnerie est placée est donc averti du défaut de service du veilleur, à la fois, par le bruit du trembleur et par la chute du voyant *p*. Ce dernier signal, qui reste apparent après le fonctionnement de la sonnerie C, permet au surveillant de se rendre compte du service, s'il s'est absenté momentanément. D'autre part, si le poussoir *h* n'est pas pressé, ni par le veilleur, ni par le contremaître, le circuit de l'enregistreur ne se ferme pas et la négligence des deux hommes se traduit par une absence de perforation sur la feuille de papier.

TABLE DES MATIÈRES

Pendule de M. Ch. Féry, à restitution électrique constante............... 1
Horloge électrique de M. d'Arlincourt............................ 9
Pendule électrique de M. Carrier 14
Pendule électrique de MM. Vacotti et Rosi...................... 18
Distribution électrique de l'heure par la Faculté des sciences de Marseille..... 21
Horloge électrique, système R. Thury et distribution électrique de l'heure..... 29
Régulateur électrique, système Campiche........................ 37
Horloge électrique de Hipp et unification de l'heure 42
Horloge à remontoir électrique; distributeur et récepteur de l'heure, système
    Régis.. 45
Pendule électro-magnétique et récepteur électrique, système C. Cail......... 51
Récepteur électro-chronométrique et distributeur de l'heure, système Stockall.. 58
Horloge distributrice de l'heure et récepteur électro-chronométrique, système
    Kuliska Antal....................................... 63
Horloge à remontoir électrique, système de la Sempire Clock Co............ 67
Pendule à remontoir électrique, de l'Automatic Electric Clock Company....... 71
Horloge à remontoir électrique, système Kuliska Antal.................. 76
Récepteur électro-chronométrique, système J. Blondeau.................. 78
Pendule électro-magnétique et récepteur électro-chronométrique, système Bau-
    mann... 81
Pendule à sonnerie aux heures et aux quarts, à remontage électrique automa-
    tique... 87
Remontoir, remise à l'heure et commutateur électrique système de MM. Château
    père et fils....................................... 92
Appareil sémaphorique à signaux instantanés, dit signal horaire pour la trans-
    mission de l'heure dans les ports, système de MM. Hanusse et G. Borrel.... 99
Distributeur électrique de la Compagnie parisienne de l'air comprimé pour
    horloges pneumatiques................................ 104
Chronographe donnant les millièmes de seconde, système C.-W. Schmidt...... 107
La Sentinelle, système P. Vaudrey............................. 111

Paris. — Imprimerie R. Chapelot et Cᵒ, 2, rue Christine.